HEYNE <

*Zum Buch:*

**Krisen bewältigen, Verhandlungen gewinnen**

Unlösbar? Gibt es nicht. Selbst aus schwierigen und ausweglos erscheinenden Situationen kann man als Sieger hervorgehen!

Oliver Schneider, ehemaliger KSK-Offizier und Berater für Sicherheits-, Risiko- und Krisenmanagement, weiß, wie wir uns aus Krisen befreien: Psychische Stabilität, fundierte Vorbereitung, strategische Planung und die richtige Taktik sind das A und O – die Grundsätze des KSK-Prinzips.

Anhand einiger seiner spektakulärsten Einsätze vermittelt Oliver Schneider die entscheidenden Faktoren – und zeigt, wie jeder seine Willenskraft und mentale Stärke entwickeln kann. Für eine optimierte Entscheidungsfähigkeit, Klarheit und Erfolg!

*Zum Autor:*

Oliver Schneider ist Gründer und Geschäftsführender Gesellschafter der RiskWorkers GmbH in München. Er startete seine berufliche Laufbahn als Offizier bei der Bundeswehr und diente u. a. bei den Fallschirmjägern, bevor er zum Kommando Spezialkräfte (KSK) wechselte. Hier war er an mehreren Spezialoperationen im Ausland beteiligt. Seit dem Jahr 2006 ist Schneider als Sicherheits-, Risiko- und Krisenmanagementberater tätig und hat als sogenannter »Kidnap for Ransom Consultant« mehrere Entführungsfälle erfolgreich gemanagt. Auslandserfahrung als Risk Consultant sammelte er u. a. in Afghanistan, Algerien, Brasilien, Irak, Iran, Jemen, Kolumbien, Mexiko, Pakistan und Russland (Kaukasus).

OLIVER SCHNEIDER
SHIRLEY MICHAELA SEUL

# DER WILLE ENTSCHEIDET

## VERHANDELN AUF LEBEN UND TOD

Wilhelm Heyne Verlag
München

Dieses Buch beruht auf wahren Begebenheiten.
Einige Schilderungen von Ereignissen und Personen wurden jedoch aus Gründen des Persönlichkeitsschutzes verfremdet.

Sollte diese Publikation Links auf Webseiten Dritter enthalten, so übernehmen wir für deren Inhalte keine Haftung, da wir uns diese nicht zu eigen machen, sondern lediglich auf deren Stand zum Zeitpunkt der Erstveröffentlichung verweisen.

MIX
Papier aus verantwortungsvollen Quellen
FSC® C014496

Penguin Random House Verlagsgruppe FSC® N001967

Taschenbucherstausgabe 02/2023


Neumarkter Straße 28, 81673 München
Redaktion: Ulrike Strerath-Bolz
Umschlaggestaltung: Hauptmann und Kompanie Werbeagentur, Zürich,
unter Verwendung eines Fotos von © Kay Blaschke
Satz: Leingaertner, Nabburg
Druck: GGP Media GmbH, Pößneck
Printed in Germany
ISBN: 978-3-453-60635-7

www.heyne.de

*Gewidmet all denen, die treu dienen und uns schützen*

*Mein besonderer Dank geht an Shirley
und die Penguin Random House Verlagsgruppe,
ohne die dieses Buch nicht möglich gewesen wäre.*

# Inhalt

# Informationsgewinnung und Aufklärung: die Basis des KSK-Prinzips

*Flughafen München, 23. Oktober, 10:23 Uhr*

Die Schlange am Security Check war eigentlich zu lang für die 48 Minuten, die mir bis zum Start noch blieben. Dass ich mich heute am Flughafen befand, war für mich selbst ein wenig überraschend. Geplant war eigentlich ein Sicherheitstraining bei einem bayerischen Automobilzulieferer. Erst vor knapp drei Stunden hatte ich von der Entführung erfahren: Vor der Küste Nigerias war ein Tanker angegriffen und mindestens die Hälfte der Besatzung entführt worden. Mehr wusste die Reederei in Bremen selbst noch nicht. Aber es hatte einen Schusswechsel gegeben.

»Tote? Verletzte?«, hatte ich mich erkundigt.

»Das steht zu befürchten. Wir sind um fünf Uhr morgens über den Vorfall informiert worden. Sie wurden uns empfohlen. Können Sie sofort nach Bremen kommen?«

»Ich krieg die Krise«, stöhnte eine füllige blonde Frau in der Schlange vor mir, während sie in ihrer Tasche wühlte, ihrem Tanker sozusagen. In einer Krise, ob klein oder groß, international oder privat, herrscht Chaos wie in mancher Handtasche. Jeder Mensch erlebt Krisen, auch durch persönliche Schicksalsschläge und die Geschichte seiner Zeit – Finanz-, Unternehmens-, Klimakrise. Was den einen vor große Herausforderungen stellen kann, mag für den anderen nicht einmal der Rede wert sein. Während in meinem Kopf ganz automatisch ein Plan des Flughafengebäudes mit allen sichtbaren Notausgängen,

Fluchtwegen und Besonderheiten entstand, beschäftigte sich die Dame vor mir ebenfalls mit Orientierung, allerdings im kleineren Rahmen. Sie kippte den Inhalt der Tasche in eine der grauen Wannen am Security Check. Eine kluge Entscheidung! Erst mal ein klares Bild der Lage verschaffen. Das war auch der Grund meiner Reise nach Bremen.

Man erhöht seine Chance, erfolgreich aus einer Krise herauszukommen, indem man möglichst viele Informationen einholt, um ein besseres Lagebild zu erhalten, wobei das Bild immer unvollständig bleibt. Das gilt für jede Krise. Als Offizier der Elitetruppe Kommando Spezialkräfte KSK war ich oft genug in riskanten und unübersichtlichen Situationen, vor allem im Einsatz. Wir sind mit heiler Haut aus jeder Mission herausgekommen – weil wir im Vorfeld hart für die Krise trainierten. Gewiss, eine Krise kann einen aus heiterem Himmel treffen, und manche Menschen lähmt sie geradezu, doch es gibt immer einen Ausweg. Überall. So wie links vor mir an der Glastür ein Fluchtweg ins Freie führte. Doch man muss sein Auge schulen, um diese manchmal versteckten Pfade aus der Krise zu entdecken. Genau das möchte ich mit Ihnen in den folgenden Kapiteln trainieren. Ich selbst habe früher Erfahrung in Extrem- und Krisensituationen beim KSK gesammelt. Heute bin ich unter anderem bei Entführungen in der Verhandlung mit Erpressern, Piraten, Kriminellen und Terroristen im Einsatz.

Eine Krise ist ein Angriff auf den Alltag: ein neuer, ungewohnter Zustand, für den man zunächst mal keinen Plan hat. Deshalb weiß man anfangs nicht, wie man sich verhalten soll – und macht womöglich fatale Fehler beim hektischen Ausprobieren von Flucht- und Lösungswegen, was dazu führen kann, dass man sich immer mehr verstrickt, sich selbst fesselt, Handlungsspielraum einbüßt. Man hat keine Erfahrungen für diesen Ernstfall, auf die man zurückgreifen könnte. Und so wird aus einer privaten, finanziellen oder beruflichen Krise manchmal eine Lebenskrise.

Allen Krisen ist ein bestimmter Ablauf gemein, egal, um welche Art von Krise es sich handelt, ob viele Menschen daran beteiligt sind oder wenige, ob es ein ganzes Land betrifft oder eine Familie, eine Beziehung, die Gesundheit oder die finanzielle Sicherheit. Die Zukunft ist in Gefahr. Man weiß nicht, wie es weitergeht. Was gestern noch Gültigkeit hatte, ist heute fraglich. Was tun? Wie verhält man sich richtig, ja hat man überhaupt Einfluss auf den Lauf der Dinge? Durchaus – und mit einem klugen Vorgehen können Sie die Krise zu Ihren Gunsten gestalten. Wie das funktioniert, werde ich auf den folgenden Seiten Schritt für Schritt darlegen, und Sie werden das nötige Rüstzeug mit auf den Weg bekommen. Ich möchte Sie krisenfest machen, egal, was jetzt gerade oder irgendwann auf Sie zukommen könnte. Wenn momentan alles im grünen Bereich ist – umso besser, dann können wir etwaige Risiken überprüfen. Meistens hat eine Krise eine wenn auch unauffällige Vorgeschichte. Doch die entgeht uns, wir übersehen Sicherheitslücken, sind unaufmerksam, überhören Warnsignale. »Weak Signals«, wie der Brite schwache, kaum vernehmbare Hinweise nennt. Wer sie thematisiert, wird oft nicht für voll genommen. Wir kommen meist trotzdem irgendwie durch. Doch beim Eintritt von Gefahren oder Risiken empfiehlt es sich, auf einen erfolgreichen Plan zur Krisenbewältigung zurückzugreifen: das KSK-Prinzip.

Gern nehme ich Sie auf den folgenden Missionen unter meinen persönlichen Schutz. Sie können sich ganz sicher fühlen: Ich hol Sie aus jeder Falle raus. Und am Ende sind Sie selbst so gut trainiert, dass Sie zukünftigen Krisen vielleicht nicht die kalte Schulter zeigen, doch Sie werden wissen, wie Sie sie meistern. Keine Sorge, Sie können schön gemütlich im Warmen bleiben, brauchen nicht ins Unterholz oder ins eiskalte Wasser, so wie ich in meiner Einzelkämpferausbildung, die alles andere als komfortabel war: Schlaf- und Essensentzug, lange Gepäckläufe, Überleben in der Wildnis, Orientierungsmärsche, Durchschwimmen von reißenden Flüssen, Abseilen, Nahkampf,

Töten und Zubereiten von Wild. Der Ton rau, jeder Tag eine Tortur. Übernachtungen im Freien auch bei 20 Grad minus. Dagegen war meine Fallschirmspringerausbildung ein flauschiges Kissen. Diverse Manöver führten mich an den Polarkreis in Norwegen und in den Südosten der Türkei, an die syrische Grenze. Im Zuge eines Soldatenaustauschs war ich auch in der 101. Airborne Division in den USA tätig und schließlich Offizier des Kommandos Spezialkräfte, der härtesten Elitetruppe der Bundeswehr. Allein der Aufnahmetest war berüchtigt und sagenumwoben, da vieles der Geheimhaltung unterliegt. Die Bewerber werden nicht nur körperlich, sondern auch vom Geheimdienst der Bundeswehr, dem MAD, durchleuchtet. Ein ehemaliger Kommandeur des KSK sagte einmal, das Aufnahmeverfahren sei das Härteste, was man Menschen in einer Demokratie antun könne. Nur wer sich hier bewährte, durfte an den nächsten, noch anspruchsvolleren Lehrgängen teilnehmen. Die wenigen, die durchkamen, wurden mit der Aufnahme zur Ausbildung beim KSK belohnt. Und dann wurde es noch härter, es gab spezielle Kurse im Schießen, Abseilen aus Hubschraubern, Sprenglehrgänge, Kampf im Gebäude, Aufsprengen von Türen, Fenstern, Stürmen von Bussen und Flugzeugen. Zur Erholung lockte ein spezielles Überlebenstraining inklusive einer mehrtägigen Verhörphase durch NATO-Spezialisten. Alles ein bisschen wie im Kino, aber eben in echt, vor allem später bei meinen Auslandseinsätzen.

Ich will mich damit nicht brüsten, wenngleich ich seinerzeit zugegebenermaßen stolz darauf war, zu dieser Elitetruppe zu gehören. Ich erzähle Ihnen das alles, damit Sie Gewissheit haben, dass Sie an meiner Seite gut aufgehoben sind, auch wenn ich die Truppe verlassen habe und heute mit einem starken Team in meinem eigenen Unternehmen tätig bin, als Sicherheits-, Risiko- und Krisenmanagementberater. Ich unterstütze Unternehmen, aber auch Familien und Einzelpersonen darin, Krisensituationen erfolgreich zu meistern. Zudem bin ich als Kidnap Response Consultant für verschiedene Versicherungen tätig. Da sich Unternehmen und Familien gegen

Entführung und Erpressung versichern können und die Versicherungen an einer professionellen Abwicklung interessiert sind, holen sie sich speziell geschulte Krisenberater ins Boot. Dieses Business habe ich nach meiner Zeit als Offizier im Kommando Spezialkräfte von der Pike auf gelernt. Ich studierte an der FH der Polizei in Kiel, und an der University of Leicester/UK wurde ich ein echter Master of Disaster. Bei einem DAX-Konzern in der Abteilung Unternehmenssicherheit sammelte ich Berufserfahrung im zivilen Sektor, wo ich später auch verantwortlich für den Bereich Early Warning Signals war. So tauschte ich die Schulterklappen gegen den Master of Science (M. Sc.) Degree in Risk, Crisis and Disaster Management und sammelte Erfahrungen unter anderem in Afghanistan, Algerien, Brasilien, Kolumbien, Mexiko, Pakistan, Russland, im Irak, Iran, Jemen.

Ich habe mit Kriegsverbrechern, Entführern, Piraten und Erpressern verhandelt, die damit drohten, andere zu foltern und zu töten. Von meiner Strategie, von meinem Verhandlungsgeschick hängt manchmal das Leben der Entführten ab. Diesem psychischen Druck – zumal, wenn ich mit den Sorgen und dem Schmerz der Familienangehörigen der Opfer konfrontiert bin – kann ich nur standhalten, weil mir die Bewältigungsstrategien in Fleisch und Blut übergegangen sind. Das ist der Zweck und Vorteil des extremen Drills in einer Elitetruppe. Auch hier bewährt sich das KSK-Prinzip – im Ernstfall sichert es das Überleben, denn eine Krise ist immer auch ein Angriff auf das gewohnte Leben, und bei Entführungsfällen auf das der Geiseln.

Die Mehrheit der Deutschen geht davon aus, niemals entführt zu werden. Und damit hat sie recht. Doch im Ausland sind Entführungen an der Tagesordnung. Die meisten Entführungen werden derzeit in Mexiko verzeichnet. Die sogenannten Express-Kidnapper begleiten die Angehörigen der Geiseln serviceorientiert gleich zum nächsten Geldautomaten. Es kann jeden treffen, auch ärmere Menschen. In vielen Ländern kommt es zu politisch motivierten

Entführungen – es wird sozusagen ein Statement gesetzt. Das Lösegeld kassiert man trotzdem. Sogar wenn die Entführung gefakt ist: Auch virtuelle Kidnaps, vorgegaukelte Entführungen, nehmen zu. In Brasilien funktioniert dieses Geschäft mit der Angst sehr gut, vorausgesetzt, jemand ist gerade nicht erreichbar, was die Entführer wissen. Klassische Entführungen, bei denen Kriminelle Lösegeld fordern, kommen derzeit vor allem in Westafrika vor. Cybererpressungen können weltweit jeden treffen – auch das gehört zu meinem Tagesgeschäft.

Wenn ich mir ein Bild der Lage gemacht habe – wie auch die Frau in der Schlange vor mir, die den Inhalt ihrer Tasche sortierte –, steige ich in die Verhandlungen ein. »Da ist er ja!«, rief sie triumphierend und hielt einen Gegenstand, dessen Funktion sich mir nicht erschloss, in die Höhe. Ich tippte auf eine Wunderwaffe im Segment Kosmetik. Zwei Security-Mitarbeiter grinsten sich an. Frauen und ihre Handtaschen, las ich in ihrem Blick. Blitzschnell schaufelte die Frau alles aus der Wanne zurück in die Tasche und programmierte damit ihre nächste Krise. Wie gesagt, viele Krisen kündigen sich an. Die Ehekrise fällt nicht mit der Tür ins Haus, auch Finanzkrisen, politische Krisen, Krankheiten haben eine Vorgeschichte. Im Nachhinein sagt man dann vielleicht: Hätte ich doch! Hat man aber nicht. Meistens aus Bequemlichkeit, Angst vor der klaren Ansprache eines Risikos und weil man Kosten sparen wollte.

Wie die Reederei in Bremen, zu der ich unterwegs war, vorgesorgt hatte, wusste ich noch nicht. Ich rief mir alle Informationen über Entführungen in Nigeria ins Gedächtnis. Der Staat Nigeria, von vielen Konflikten gebeutelt, ist operativ nicht in der Lage, die Handelsschifffahrt adäquat zu schützen. So hat sich die Piraterie in den letzten Jahren von der Küste Somalias in den Golf von Guinea verlagert, wo aktuell knapp 60 Prozent aller weltweit registrierten Vorfälle gemeldet werden, jährlich über einhundert. Die Region gilt als Hotspot der Piraterie. Betroffen sind sowohl Massengutfrachter wie Containerschiffe als auch Kühlfrachter, Tanker und Hochseefischer.

Vor Somalia gibt es kaum noch Piraterie-Attacken, da die internationale Gemeinschaft die Handelsschifffahrt gut schützt. Außerdem sorgen auf vielen Schiffen private Sicherheitskräfte für eine ruhige Fahrt. Während bei einem meiner letzten Fälle in Somalia die Besatzung mitsamt dem Schiff entführt wurde, werden die Schiffe in Nigeria weit vor der Küste mit Speedbooten angegriffen. Teile der Besatzung werden dann in das unübersichtliche Niger-Delta verschleppt. Ihr Leben hängt nun am seidenen Faden des Verhandlungsgeschicks – und der läuft durch meine Hände.

Die »Psychospiele« und Mechanismen in Verhandlungen mit Entführern und Erpressern unterscheiden sich im Prinzip nicht von denen bei alltäglichen Deals. Die Gesetzmäßigkeiten sind immer die gleichen. Egal, ob Sie es mit Erpressern oder Ihrem Lebenspartner zu tun haben: Es geht darum, einen Konflikt in einen Deal zu verwandeln. Solange beide Seiten daran interessiert sind, diesen Konflikt aufzulösen, wird das gelingen. Kompliziert wird es, wenn Sie auf einen Verhandlungspartner stoßen, der unbedingt gewinnen will und dabei im wahrsten Sinne des Wortes bereit ist, »über Leichen« zu gehen – was bei Terroristen eher der Fall ist als bei Kriminellen. Kriminelle sind nur an Lösegeld interessiert, Terroristen haben eine Botschaft und wollen diese möglichst medienwirksam verbreiten. Wer kauft Produkte, wenn die Gefahr besteht, sie seien vergiftet? Oder welche Firma will, dass man sie mit einer öffentlichen Hinrichtung in Verbindung bringt – weil sie nicht gezahlt hat? Terroristen sind gefährlicher, aber wie Kriminelle kommen sie nicht pünktlich zu einem Meeting und bedanken sich artig für ein Glas Wasser, ehe man sich zivilisiert unterhält. Es werden weder freundlich Vorschläge unterbreitet noch Positionen dargelegt, und was am Verhandlungstisch eines Unternehmens ein Bluff sein mag, kann hier schnell blutig enden. Die einzige Gemeinsamkeit – Englisch als Geschäftssprache: Every hour one finger. Diese Brutalität kennzeichnet den Unterschied zu harmlosen Deals wie beispielsweise bei einer Gehaltsverhandlung, wenngleich die Kontrahenten sich auch da innerlich gegenseitig verfluchen mögen, während sie sich freundlich Türen aufhalten und Kaffee aus Porzellankannen eingießen.

Unterschiedliche Positionen zu verhandeln ist nichts Außergewöhnliches. Als Menschen dealen wir ständig, ob mit unseren Partnern, Kindern, Kollegen, Chefs, Vertragspartnern, Vermietern, Banken, Institutionen und so weiter. Viele Menschen fühlen sich trotzdem unwohl in Verhandlungssituationen. Das liegt meiner Meinung nach daran, dass ihnen ein Konzept fehlt. Eine Guideline, an der sie sich entlanghangeln können. Mit dem KSK-Prinzip brauchen Sie kein Muffensausen vor schwierigen Gesprächen zu haben. Ich verrate Ihnen auf den folgenden Seiten ein paar Kniffe, die garantiert zum Erfolg führen – und womöglich machen Ihnen manche Deals dann sogar Spaß. Es kann durchaus sein, dass Sie sich selbst von einer ganz neuen Seite kennenlernen. Vielleicht haben Sie Lust darauf, diese Neuentdeckungen als Ressourcen in einem Krisentagebuch zu verewigen. Das wird auch bei Verhandlungen mit Entführern angelegt – man muss ja wissen, welche Zusagen man getroffen hat, falls die Gegenseite vorgibt, sie vergessen zu haben. Diese Aufzeichnungen können später sogar als Beweise vor Gericht gelten. Ich gebe Ihnen jeweils am Kapitelende Einblick in mein persönliches Krisenhandbuch.

Auch ich bin mir in Krisen ein Stück weit neu begegnet und habe Eigenschaften entdeckt, die mir in einem Fall sogar das Leben retteten. Seither bezeichne ich Krisen gern als Minenfelder. Es besteht die Gefahr, schwer verletzt zu werden, auch getötet – als Mensch, als Beziehung oder als Unternehmen. Doch wer aufmerksam bleibt, kann Minen frühzeitig erkennen – und sie entschärfen.

# 50 Zentimeter Luftlinie

*Kosovo, Juni 1999*

Am vierten Tag nach unserem Einmarsch waren wir mit zwei ungepanzerten Geländewagen unterwegs. Schon damals hinkte die Ausrüstung der Truppe den Anforderungen hinterher. Wir mussten verdammt gut aufpassen, um in keine Sprengfalle zu geraten. Das Kommando Spezialkräfte fungierte diesmal als Vorhut, um nachfolgende Einheiten über die Lage zu informieren. Wir hatten einen Aufklärungs- und Informationsbeschaffungsauftrag. Schlüsselinformationen für die Truppe sollten durch das KSK gesammelt werden. Wie stand es um die Beschaffenheit von Brücken und Straßen, waren sie überall befahrbar, fanden trotz des Waffenstillstands Gefechte zwischen serbischer Armee und albanischen Kämpfern statt? Und wenn ja, wo? Wie viele Kämpfer auf der jeweiligen Seite? Welche Bewaffnung? Waffenstillstand klingt in der Theorie immer gut; in der Praxis wird er nicht eingehalten.

Ein besonderes Augenmerk sollten wir zudem auf Minenfelder legen. Für den Ernstfall hatten wir mehrere Wochen in Nordmazedonien trainiert, zahlreiche Schießübungen durchgeführt, Notfallverfahren geübt und unsere Erste-Hilfe-Kenntnisse aufgefrischt. Bei einer schweren Schussverletzung oder einem Minenunfall sind die ersten Minuten entscheidend, um einen Verletzten zu stabilisieren, bevor er nach 10 bis 15 Minuten der Rettungskette auf dem Gefechtsfeld übergeben wird, zum Beispiel mit dem Hubschrauber in ein Feldlazarett geflogen wird. In Nordmazedonien hatten wir unsere Ausrüstung gewissenhaft überprüft und aufmunitioniert. So saßen wir nun mit Handgranaten, Granatpistole, Nebelkörpern, Panzerfaust und Maschinengewehr in unseren schweren staubigen Uniformen im »Wolf«, dem Bundeswehrgeländefahrzeug. Um die 30 Kilo trug jeder von uns am Leib, und in den meisten Gesichtern prangte eine rote Nasenspitze unter dem Helm hervor; bei manchen hatte der Sonnenbrand das ganze Gesicht erfasst.

Ich war sehr angespannt, denn der deutsche Sektor war uns noch vollständig fremd – wie die ganze Situation. Wir hatten natürlich Kartenmaterial sowie Luftbildaufnahmen und Satellitenbilder. Aber die Realität sah anders aus. Vor allem, wenn man nach einer Straßenbiegung auf einmal in die Mündung eines T-72, Kampfpanzer der Serben, blickt. Wir begegneten auch besoffenen und in die Luft ballernden Serben, Tschetniks in völlig überladenen Zivilfahrzeugen wie ihre ebenso überladenen Fahrer und Mitfahrer – zugedröhnt mit Sliwowitz.

Hinter jeder Kurve konnte ein Hinterhalt lauern. Die Gefahr, von kriminellen Banden, die die Bevölkerung terrorisierten, ins Feuer genommen zu werden, war ebenso hoch wie die, auf eine Mine zu fahren – oder einfach Pech zu haben, wenn wir in einen Schusswechsel zwischen Albanern und Serben gerieten, die sich dann womöglich gegen uns verbünden würden. In dieser unüberschaubaren Gemengelage sollte das KSK einen genau definierten Bereich im Süden des Kosovo nahe der albanischen Grenze erkunden. Patrouillierten hier Banditen oder Milizen? Wie verhielt sich das serbische Militär? Wie die serbischen irregulären Kräfte, die berüchtigten Tschetniks? Wir hatten von deren angeblichen Gräueltaten gehört. Alles Propaganda, oder war da was dran? Welche Schäden hatten die Bombardements der NATO an der Infrastruktur angerichtet? Wie viele Panzer und andere Gefechtsfahrzeuge waren vernichtet worden?

Wir hatten von den Serben zwar Hinweise erhalten, wo Minenfelder lagen, doch sie waren mit höchster Vorsicht zu beurteilen und sicher nicht vollständig. Die Straßen in diesem Gebiet waren unbefestigt, staubig und extrem gefährlich. In dieser Situation mit ungepanzerten Fahrzeugen unterwegs zu sein, sorgte für ein gewisses Prickeln. Und wir alle fragten uns: Wann würden wir dem Tod begegnen? Hoffentlich nicht am eigenen Leib.

Der Tod war allgegenwärtig. Über dem gesamten Land lag wie ein Schleier der Geruch von Verwesung. Zu Beginn des Einsatzes war uns dieser süßlich-modrige Geruch noch fremd. Später kamen wir uns manchmal vor wie Leichenspürhunde: Wir konnten die Toten im Gelände durch Riechen finden. Und dann hing der Gestank in unseren Uniformen, und manchmal setzte er sich in der Nase fest und ging nicht mehr weg.

Als militärischer Führer meiner Männer saß ich an diesem vierten Tag nach unserem Einmarsch neben dem Fahrer im ersten Fahrzeug. Langsam fuhren wir auf einem Feldweg einen Hügel hinauf, alle hatten die Augen zusammengekniffen. Schritttempo, wir scannten die Umgebung, so gut es ging. Immer wieder legten wir einen Beobachtungshalt ein, suchten das Gelände mit dem Doppelfernrohr ab. Gefechtsfeldfahrzeuge der Serben? Hat sich die UÇK irgendwo eingenistet? Wo sind die albanischen Banden, die die Bevölkerung drangsalieren? Gibt es Hinweise auf Sprengfallen?

»Vorne halt«, befahl ich.

Als ich mich später fragte, was mich zu diesem Befehl veranlasst hatte, fand ich keine Antwort. Ich weiß es bis heute nicht, doch es sollte meinen Männern und mir das Leben retten. Ich griff zum Funkgerät und teilte allen mit: »Anhalten. Fahrer bleiben an den Fahrzeugen. MG-Schütze überwacht Vorgehen. Wir sitzen ab und klären zu Fuß auf.«

Mit drei Mann, die Waffen im Anschlag, rückten wir Richtung Höhenkamm vor. Nach etwa 15 Metern sagte eine gepresste Stimme hinter mir: »Olli, ich glaube, wir stehen in einem Minenfeld.« Ich hatte es im selben Augenblick gesehen. Tatsächlich, wir liefen über ein gemischtes Minenfeld: Schützenabwehrminen, die Menschen schwer verwunden, Gliedmaßen abreißen und töten, und Panzerabwehrminen, die Fahrzeuge und Panzer zerstören können. Unser Wolf wäre senkrecht in den Orbit geschossen.

»Heilige Scheiße«, entfuhr es meinem Stellvertreter, einem erfahrenen Hauptfeldwebel. Dann sprach lange niemand. Alle waren damit beschäftigt, das Gleichgewicht zu halten, was plötzlich nicht mehr selbstverständlich war. Wir wussten bis ins kleinste Detail, was geschehen würde, wenn wir fehltraten, wir hatten genug Minenopfer gesehen.

»In den Fußspuren zurück zu den Fahrzeugen«, ordnete ich von Adrenalin geflutet an. Wie meinen Kameraden rann mir der Schweiß in Strömen über das Gesicht und über den Rücken, direkt in den Hintern. Mein Großvater sagte oft: »Da kocht das Arschwasser«, wenn er vom Krieg erzählte. Jetzt wusste ich, was er damit gemeint hatte.

Als wir alle sicher bei den Fahrzeugen standen, entdeckte ich eine Panzerabwehrmine, die 50 Zentimeter vor meinem Wolf teilverdeckt verlegt war. Allein die Druckplatte lugte durch den Sand. Russische Bauart. 50 Zentimeter Luftlinie zum Tod.

Wir meldeten das Minenfeld der militärischen Führung, und es wurde in den NATO-Karten als No-go-Area gekennzeichnet. Die Minenräumung würde allerdings noch sehr lange dauern, es gab zu viele Einsätze. Am nächsten Tag erfuhren wir, dass in einem anderen Sektor, der von den Engländern übernommen worden war, zwei Elitesoldaten der Gurkhas durch eine Panzerabwehrmine ums Leben gekommen waren, die ebenfalls in keiner Karte verzeichnet war. Sie hatten nur eine zerstörte Brücke umgehen wollen.

Meine Männer und ich hatten das Glück, dass wir in unseren eigenen Fußspuren zurückgehen konnten, um wieder halbwegs in Sicherheit zu gelangen. Und wir wussten, dass wir in einem verminten Gebiet unterwegs waren, und hielten aktiv Ausschau nach Risiken. Normalerweise kann man nicht zurückgehen, und wer beschäftigt sich schon gern mit Eventualitäten? Denn das sind Risikofaktoren doch! Für mich sind Risikofaktoren wie Fußabdrücke, und sie führen unweigerlich in eine Krise, wenn man ihnen keine Aufmerksamkeit widmet – so wie es der Reederei in Bremen passiert war …

# Schräglage

*Bremen, 23. Oktober, 13:40 Uhr*

Der Firmensitz der Reederei war eine architektonische Meisterleistung. Das historische Gebäude aus dem 18. Jahrhundert hatte man in den Neubau integriert. Frederik Olsen, der Geschäftsführer des Unternehmens, das sich seit über 200 Jahren in Familienbesitz befand, begrüßte mich auf der Brücke, sprich in seinem Büro in der obersten Etage. Es war stilecht eingerichtet mit schweren, dunklen Holzmöbeln und strahlte trotz der Geräumigkeit jene gewisse Gemütlichkeit aus, die man sich in einer Kapitänskajüte vorstellen mag. An den Wänden hingen historische Seekarten, in einer Glasvitrine waren nautische Instrumente aus längst vergangenen Zeiten ausgestellt wie auch die obligatorischen Gemälde der Ahnen an den Wänden – ehrwürdige Männer mit dichten Bärten, deren Blicke in die Ferne schweiften, steuerten sie doch das Unternehmen durch raue See. Hoffentlich nicht mit diesem altertümlichen Teil hier, schoss es mir durch den Kopf, als ich das riesige Steuerrad erblickte, das neben einer Schiffsglocke in einer Ecke prunkte.

Frederik Olsen zuckte bei unserem Händedruck nicht zusammen. Es ist schon besser geworden mit mir, doch noch immer ähnelt mein Willkommensgruß einem Bodycheck im Schraubstock, egal, wie oft ich mir Lockerung vornehme. Das sitzt einfach tief, wie so manches andere aus meiner Vergangenheit beim Kommando Spezialkräfte.

»Herr Schneider, es freut mich, dass Sie so schnell zu uns gekommen sind.« Herr Olsen klang erleichtert, wenngleich er wie ein Mann aussah, der auch sehr gut allein zurechtkommt. Doch er wusste, wann er Verstärkung brauchte – eine Voraussetzung, um erfolgreich zu sein. Gerade in der Krise, wenn kleinste Entscheidungen über Gedeih oder Verderb, Erfolg oder Misserfolg entscheiden, ist es sinnvoll, den Rat von Fachleuten einzuholen, die mit den jeweiligen Gegebenheiten vertraut sind. So gehen wir auch privat vor, wenn wir uns im Seelennebel verirrt haben und deshalb eine Psychologin aufsuchen – oder einen Eheberater, weil wir die kriselnde Beziehung vor dem Untergang retten möchten. Es gibt Situationen, in denen kommt man als Einzelkämpfer nicht weiter. Dennoch auf seinem Status zu beharren, wäre ein großer, vielleicht tödlicher Fehler. Und um Leben und Tod ging es bei dieser Entführung auch. Neun Mitarbeiter waren gekidnappt worden.

Ich schätzte den Reeder Olsen auf Anfang 60. Der dunkelblaue Anzug, der die breiten Schultern betonte, passte hervorragend zu den leicht ausgewaschenen hellblauen Augen. Eisgraue Haare erschienen als letzter Pinselstrich am Klischee des korrekten Nordländers. Der Reihe nach stellte mir Frederik Olsen die anwesenden Personen vor. Den Justiziar Herrn Dr. Jansen, der wie eine jüngere Kopie seines Chefs auftrat, aber durch seine schlaffe Körperhaltung lange nicht so drahtig und charismatisch wirkte. Kein Training vernachlässigte hingegen Stefan Krüger, der Chief Security Officer (CSO); ich schätzte ihn auf Mitte 30. Diese Position muss in jeder Reederei besetzt sein, die in internationalen Gewässern verkehrt, um die Häfen ansteuern zu dürfen. Zwei Frauen komplettierten die Runde, und beide waren etwas aufgeregter als die Herren, zumal die Entführung unmittelbar ihr Aufgabengebiet betraf. Frau Sommer, die Personalleiterin, sorgte sich um die entführten Seeleute, und Frau von Sternberg, Leiterin der Öffentlichkeitsarbeit, um das Image der Reederei.

Schon die Titel der versammelten Mannschaft zeigten mir, dass ich es mit sehr verschiedenen Interessen zu tun hatte. Um erfolgreich gegen die Entführer vorzugehen, mussten sie gebündelt werden in einem gemeinsamen Ziel. Das war mein erster Job. Wie sagte schon Generalfeldmarschall Graf Moltke: »Getrennt marschieren, vereint schlagen.« Die Truppe ist nur schlagkräftig, wenn sie einig ist. Klare Entscheidungen mussten gefällt werden – und sie mussten gemeinschaftlich für gut befunden werden, um nicht abzusaufen. Würden die hier versammelten Menschen dazu in der Lage sein?

Wir sind ja keine Maschinen. Die Persönlichkeit gibt den Ausschlag. Wie krisenfest ein Mensch ist, hängt von vielen Faktoren ab, auch von körperlichen. Wenn wir kränkeln oder uns gerade schwach fühlen, bringen uns Probleme ins Straucheln, die wir zu anderen Zeiten kaum als solche wahrnehmen würden. Doch natürlich steht über der Tagesform die prinzipielle Haltung eines Menschen. Der Optimist reagiert anders als der Pessimist, der Choleriker anders als der Sanguiniker. Unterm Strich sind die Herausforderungen gleich. Die Frage ist: Was macht jeder Mensch für sich daraus – oder ein Unternehmen, das letztlich mit einer Stimme sprechen sollte? Wie balancieren wir die Krise aus? Je reifer und kritikfähiger ein Mensch ist, desto besser kann er seine eigenen Befindlich- und Eitelkeiten zurückstellen; je führungsstärker er ist, desto leichter fällt es ihm, seine Position zu verlassen. Wie flexibel waren die Versammelten? Natürlich hatte ich sie längst gescannt und auch eine Ahnung, wie sie sich verhalten würden – ob ich recht hatte, würde das folgende Gespräch zeigen. Keinesfalls würde ich meinem ersten Eindruck folgen. Gerade in einer Krise muss man offen bleiben. Nicht selten liegt die Lösung in einer Ecke, die man zuerst übersehen hat.

In einer Ecke nahmen wir auch Platz: auf zwei harten Ledersofas. Frederik Olsen war der einzige Stuhl vorbehalten, ich vermutete, dass es sich um ein Erbstück seines Vaters und womöglich Großvaters handelte. Erfrischungen waren vorbereitet: Getränke, Obst, Schnittchen. Sinnigerweise war in den massiven Holztisch ein alter Schiffskompass eingepasst. Er zeigte nach Norden. Das war schon mal die falsche Richtung, um das Problem anzusteuern, das im

Süden lag und sich folgendermaßen darstellte, wie der Justiziar Jansen berichtete:

»Heute Morgen gegen 5:30 Uhr deutscher Zeit wurde unser Tanker, die MS Viktoria, im Golf von Guinea circa 60 Seemeilen vor der Küste Nigerias von drei Piraten-Schnellbooten mit circa 20 Mann angegriffen. Aufgrund der geringen Bordwandhöhe unseres Tankers war es für die Angreifer relativ einfach, mit Waffen an Bord zu gelangen und neun Mitglieder der Besatzung zu kidnappen. Sie meldeten sich vom Schiff aus über Satellitentelefon bei unserem CSO, dem Chief Security Officer. Der nahm das Gespräch geistesgegenwärtig auf.« Jansen nickte dem CSO zu; Krüger startete die Aufnahme.

Vor meinem geistigen Auge spielte sich das Kidnapping ab. Man kann so etwas mit einem Angriff auf eine Burg in der Ritterzeit vergleichen. Nachdem sich die Kidnapper ein Lagebild gemacht hatten – dieselbe Strategie würden wir auch verfolgen –, waren sie mit Schnellbooten von hinten an das Schiff herangefahren. Diese Boote waren zu klein, als dass sie vom Radar erfasst werden konnten. Die Aktion ist nicht ungefährlich, die Piraten sind mit hohem Tempo unterwegs und werfen dann die Seile mit den Haken auf die Reling. Daran klettern sie hoch und entern das Schiff, wobei sie ihr Leben riskieren. Es ist eine Herausforderung, die Mut und Geschick verlangt, bei voller Fahrt an einem solchen Seil hochzuklettern, und viele der Angreifer können nicht schwimmen oder nur mäßig. In Somalia verhindern Sicherheitskräfte an Bord häufig ein solches Eindringen. In den nigerianischen Küstengewässern ist es verboten, private bewaffnete Sicherheitsleute zu engagieren; solche Aktionen sollen dem Militär vorbehalten bleiben. Und weiter draußen ist es vielen Reedern zu teuer und zu umständlich, private Sicherheitsdienste zu nutzen, die von Bord gehen müssen, sobald sie nigerianische Gewässer erreichen.

Ich hörte ein Rauschen, dann sprach jemand enorm aufgeregt. Es klang wie ein Maschinengewehr: »If you do anything stupid, we kill your team. We want … million. Otherwise we kill them.«

Obwohl die Anwesenden diese Aufzeichnung sicher schon öfter gehört hatten, schwiegen sie betreten. Frederik Olsen fragte mich: »Haben Sie die Höhe der Summe gehört?«

»Nein. Die Zahl vor *million* war unverständlich.«

»Ja, so ging es uns auch.«

Der Justiziar fuhr fort: »Keiner weiß, wo die Geiseln sich jetzt aufhalten. Das Schiff selbst ist mit der in etwa halbierten Besatzung auf dem Weg in den Hafen von Port Harcourt. Mehr wissen wir nicht.«

Frau Sommer mischte sich ein: »Doch. Wir wissen, dass es eine Schießerei gegeben hat.«

»Es hat wohl ein bisschen geknallt«, bestätigte der CSO. »Aber wir haben keine Verletzten.«

»Was heißt hier keine Verletzten?«, empörte sich Frau Sommer. »Der Zweite Offizier hat einen Schock und ein Matrose hat sich vermutlich das Bein gebrochen, als er sich in Sicherheit bringen wollte und gestolpert ist. Und wer weiß, wie es den Geiseln geht!«

»Das alles darf unter keinen Umständen an die Öffentlichkeit«, erklärte die PR-Frau mit Nachdruck.

»Ja, wissen Sie denn, ob diese Information nicht schon längst in der Öffentlichkeit ist?«, fragte ich. »Piraten surfen auch auf Social-Media-Kanälen, das gehört zu ihrer Strategie, um den Druck auf ein Unternehmen zu erhöhen.«

»Um Gottes willen!«, rief Frau von Sternberg.

»Das ist ja ein geradezu abstoßender Versuch, sich selbst reinzuwaschen«, entfuhr es dem Reeder. »Der Pirat klagt öffentlich das Unternehmen an und stellt es so dar, als wäre es nicht an einer Befreiung der Geiseln interessiert!«

Anerkennend nickte ich. Olsen begriff schnell. Ich ergänzte: »Es könnte auch sein, dass einer der entführten Seeleute zwischenzeitlich mit seiner Familie, seiner Ehefrau telefoniert hat. Oder einer der noch an Bord befindlichen.«

»Wir haben den Mitarbeitern einen Maulkorb verpasst«, erklärte der CSO nach einem Blickwechsel mit der Personalerin.

»Aber wissen wir tatsächlich, ob sie selbst oder ihre Angehörigen nicht schon mit ihrer lokalen Presse in Verbindung stehen?«

»Nein, natürlich nicht«, sagte Krüger.

»Das sollten wir so schnell wie möglich überprüfen und uns dann die Informationshoheit zurückholen.«

Olsen formte eine Merkel-Raute und wendete sie zum Segel. »Es ist gut, dass Sie jetzt bei uns sind, Herr Schneider. Noch einmal danke. Schön, dass Sie gleich Zeit für uns haben.«

»Was heißt hier ›schön‹? Hier geht es schließlich um Menschenleben!«, raste die Personalleiterin Frau Sommer in einer Gischtwolke heran.

Der Justiziar schoss wie zur Warnung eine Blendgranate ab.

»Das sehe ich anders. Genau genommen sind das gar nicht unsere Mitarbeiter.«

»Mit solchen Haarspaltereien kommen wir in der Öffentlichkeit nicht durch«, erklärte die PR-Chefin Frau von Sternberg und erhielt sofort Feuerschutz von der nickenden Personalleiterin. »Und wer hat denn die zusätzlichen Sicherheitsmaßnahmen als zu kostenintensiv und überflüssig abgelehnt? Weil ja angeblich noch nie was passiert ist …«

Dies war kein idealer Moment für eine interne Aufarbeitung von Versäumnissen. Ich kannte solche Gespräche nur zu gut. Anstatt zu handeln, wird die Schuld verschoben. Keine Frage, dieses Unternehmen krängte durch die Krise. Krängung nennt man es, wenn Wasserfahrzeuge sich zur Seite neigen. Doch vom Kentern waren wir noch weit entfernt. Mit meinem Team würde ich den Kahn wieder flottmachen, doch ich musste endlich die Fakten kennen. Frau von Sternberg warf allerdings die Nebelmaschine an. »Zu viel Öffentlichkeit ist auch meine Sorge, zumal jetzt dann die Polizei kommt. Die Beamten haben sich schon angekündigt.«

»Ja, und wir sollten eng mit dem BKA zusammenarbeiten«, sagte Justiziar Jansen mit einer Stimme wie ein Eisbrecher.

Vor allem sollten die Anwesenden miteinander arbeiten, schoss es mir durch den Kopf. Denn von der ersten Priorität, der Formulierung eines klaren Ziels, waren wir noch seemeilenweit entfernt.

»Wer wurde konkret von Bord genommen?«, fragte ich den Chief Security Officer, der mir von allen Mitarbeitern am wenigsten überrascht von der Lage schien. »Und bitte, nennen Sie auch die jeweilige Nationalität.«

Er zählte auf: »Der Kapitän, ein Ukrainer, der technische Offizier ist gebürtiger Weißrusse, der Koch stammt aus Rumänien und fünf Seeleute von den Philippinen.«

»Hat einer der Entführten die deutsche Staatsbürgerschaft?«

»Kein deutscher Staatsbürger an Bord«, meldete Stefan Krüger.

»Dann werden Sie auch nicht mit dem BKA zusammenarbeiten«, resümierte ich.

»Was soll das jetzt wieder heißen? Was sind das für Verschleierungstaktiken? Ist das Ihre Art von Seriosität?« Okay, Justiziar Jansen gehörte nicht zu meinen Freunden.

»Das BKA tritt nur in Aktion, wenn deutsche Staatsbürger betroffen sind. Der Fall ist dort bekannt, weil das International Maritime Bureau Wind von der Entführung bekommen hat. Es warnt auch andere Schiffe, die in diesem Gebiet unterwegs sind.«

Frau von Sternberg hatte offensichtlich noch nie von dieser Einrichtung gehört, die Fragezeichen in ihrem Gesicht blinkten wie eine Sturmwarnung. Der aufmerksame Reeder erklärte es ihr. »Diese Organisation hat es sich zur Aufgabe gemacht, den Seehandel und Transport von Handelsgütern durch Verbrechens- und Betrugsbekämpfung zu sichern. Dazu gehört die Veröffentlichung aller Vorfälle.«

»Danke«, sagte Frau von Sternberg und schob dann eine Entschuldigung an Ihren Chef nach. »Das hätte ich vielleicht wissen müssen, aber in der Pressestelle waren wir noch nie in so einer Situation.«

»Es ist für uns alle Neuland«, nickte Frederik Olsen.

»Der Schwiegersohn meiner Nachbarn ist beim BKA«, suchte Frau Sommer eine Lösung, die von keinem ernst genommen wurde.

»Ich nehme an, dass Sie mit Polizei die Bundespolizei See gemeint haben?«, erkundigte ich mich.

»Äh, ja. Die haben vorhin Kontakt mit uns aufgenommen und wollten jemanden schicken.«

»Das ist das normale Prozedere, wenn das BKA nicht tätig wird. Aber die Bundespolizei See unterstützt Sie nicht bei der Befreiung der Geiseln. Sie ist interessiert an einer Lageerfassung und Täteridentifizierung zur Aufklärung und Strafverfolgung.«

»Sie wollen damit also sagen, dass wir ohne Ihre Hilfe aufgeschmissen sind?«, fragte Frau von Sternberg leicht spöttisch.

Ich ignorierte die Bemerkung: »Was wissen Sie über den gesundheitlichen Zustand der Seeleute? Gibt es jemanden mit einer chronischen Erkrankung? Benötigt ein Seemann beispielsweise Insulin?«

Ratlose Gesichter.

Nach einigen Telefonaten mit der Staffing Agency wussten wir Bescheid. Es gab keinen Mitarbeiter, der an einer chronischen Krankheit litt. Die Seeleute waren alle bei einer Schifftauglichkeitsuntersuchung gewesen. Wenn jemand auf regelmäßige Medikamentenzufuhr angewiesen ist, muss man darauf in der Verhandlung reagieren. Da der Faktor Zeit von erheblicher Bedeutung ist, stellt Beschleunigung aber fast immer einen Nachteil in den Verhandlungen dar. Vor einigen Jahren betreute ich eine Entführung, bei der ein Matrose Insulin benötigt hätte – er litt an Diabetes Typ 2. Durch die Hardcore-Diät im Lager der Piraten besserten sich allerdings seine Werte, und nach der Entführung war er seine Erkrankung los. Das ist aber auch das einzig Positive, was ich über Entführungen berichten kann.

»Wie wird Ihr Personal gemanagt?«, fragte ich weiter. »Von einer einzigen Staffing Agency oder von mehreren?«

»Eine, in Singapur. Die rufen seit acht Uhr ständig bei uns an und wollen wissen, ob wir mit den Familien sprechen oder sie. Ich habe sie noch um Geduld bis 16 Uhr gebeten.« Krüger tauschte einen Blick mit der Personalleiterin. An ihrem genervten Gesicht konnte ich sehen, dass es auch zwischen ihnen heftige Auseinandersetzungen gegeben hatte. Wie auch zwischen dem Chief Security Officer und dem Justiziar und der Leiterin der Öffentlichkeitsarbeit sowieso. Als hätte der Reeder meine Gedanken gelesen, ergriff er das Wort: »Wie Sie merken, Herr Schneider, sitzen wir hier schon eine Weile zusammen und haben durchaus kontrovers diskutiert. Aber ich vermute, so etwas kennen Sie.«

Ja, das Verhalten der Anwesenden war typisch für den Beginn einer Krise, wenn noch kein klares Lagebild vorhanden ist. Und da ist es egal, um welche Art von Krise es sich handelt. Zuerst einmal bricht Chaos aus. Nichts scheint mehr Gültigkeit zu haben. Der Boden bricht einem unter den Füßen weg. Fragen, die man sich noch nie gestellt hat, tauchen auf. Neue Prioritäten werden gesetzt. Und dabei ist zu Beginn noch gar kein klares Bild zu erkennen. Es ist ein bisschen wie bei einem Schattenkampf, und dennoch können hier schon erste Punkte eingefahren werden – mit einem klar strukturierten, strategischen Vorgehen, aber dem muss man sich stellen. Vernebeln und Verharmlosen verschlimmern die Krise.

»Ich schlage vor«, formulierte ich das, was ich seit 20 Minuten mehr oder weniger vergeblich versuchte, »dass wir nun sachlich die Lage sondieren und einen Krisenstab etablieren, eine Strategie entwickeln, die wir natürlich anpassen werden, sollte es nötig sein. Die Entführer haben sich aus ihrem Lager noch nicht gemeldet?«, vergewisserte ich mich. Es wäre nicht das erste Mal, dass wichtige Informationen in der Hitze des Gefechts vergessen wurden.

»Nein«, fauchte der Justiziar. »Das hätten wir Ihnen doch gesagt. Hören Sie, wir wollen zahlen, aber natürlich keine Fantasiesummen.«

»Wie viel ist Ihnen denn ein Menschenleben wert?«, fragte die Personalchefin ironisch.

»Vor allem darf das nicht an die Öffentlichkeit dringen«, warnte die PR-Chefin besorgt. »Wir machen uns damit erpressbar.«

»Sie *sind* erpressbar«, widersprach ich. »Oder wollen Sie nicht bezahlen?«

»Das kommt darauf an, ob wir dazu in der Lage sind«, erklärte der Reeder. So hatte ich ihn eingeschätzt. Es gibt auch Fälle, in denen wird überlegt, ob man sich das Geld sparen könnte, und wenn ja, wie. »Das sind unsere Leute, wir haben eine Fürsorgepflicht für sie.«

»Ihre Einstellung in allen Ehren«, widersprach der Justiziar. »Aber wir sollten vielleicht erst einmal wissen, in welcher Größenordnung in solchen Fällen verhandelt wird.« Fragend schaute er mich an.

»Das kommt auf die Umstände an und natürlich auf das Verhandlungsgeschick«, entgegnete ich. »Da ist eine Menge Spielraum.«

Der Justiziar musterte mich aus zusammengekniffenen Augen. Fast ein wenig lauernd begann er. »In einem uns durch ein befreundetes Unternehmen bekannten Fall haben Sie die Lösegeldsumme um ein paar Millionen Dollar verringert.«

Ich nickte. Mir war klar, dass er meine Anwesenheit als persönliche Niederlage einstufte. Es wäre ihm lieber gewesen, den Fall intern zu lösen, und ich sollte bald erfahren, woher seine Ressentiments rührten. Meistens gibt es eine Ursache. Sie zu finden ist entscheidend für ein erfolgreiches Vorgehen. Denn solange er meine Beratertätigkeit als Einmischung wertete, konnte ich das Unternehmen nicht wirklich unterstützen.

Er hakte nach: »Um wie viel genau? Wir müssen ja auch mit Schadenersatzforderungen unserer Vertragspartner rechnen. Wir sind im Verzug, und es ist ungewiss, ob wir das Oil Terminal in Port Harcourt anfahren können.«

Kopfschüttelnd deutete ich Diskretion an.

»Wie viel?«, blieb der Justiziar hartnäckig.

»Wenn Sie befreundet sind, können Sie das sicher in Erfahrung bringen.«

Diese Antwort motivierte den Justiziar zu einem Angriff: »Herr Schneider, bitte nehmen Sie mir das jetzt nicht übel, aber ich will ganz offen sein. Ich habe Sie gegoogelt. Sie haben ja auch für den *Focus* über Ihr abenteuerliches Leben geschrieben, nicht wahr. Also, da kann man schon sehen, aus welchem Stall Sie kommen, mit Verlaub. Im Gegensatz zu meinen Kollegen hier«, er wies in die Runde, »ist mir so eine Lage nicht unbekannt. In meiner früheren Firma habe ich so etwas Ähnliches schon einmal erlebt. Wir hatten dann amerikanische Berater, und auf die hätten wir besser verzichtet.«

»Was wollen Sie damit sagen?«, fragte der CSO Krüger scharf. Es klang, als wollte er meinen Einsatz verteidigen.

»Es gab heftige Friktionen. Vom Schaden für das Unternehmen ganz zu schweigen.«

Das erstaunte mich nicht. Gerade amerikanische Berater schießen gern scharf, *trigger happy* nennt man es – man freut sich, wenn man den Abzug betätigen darf. Oft liegen solchen Missverständnissen aber auch kulturelle Konflikte zugrunde oder ganz simpel sprachliche Kommunikationsprobleme. Es wunderte mich jedoch, dass Jansen, wenn er bereits einmal eine Entführung erlebt hatte, gegen eine Versicherung gestimmt hatte. Oder hatte das finanzielle Gründe? Schrieb die Reederei rote Zahlen? Dann würden die demnächst noch roter werden.

»Was ich damit sagen will …«, sagte der Justiziar. »Wir brauchen hier keine Helden, die aus Kampfjets abspringen, wir wollen uns keinen Rambo an Bord holen, sondern …«

Der Reeder hob die Hand, und sofort verstummte der Justiziar. Frau Sommer musterte mich mit aufflammendem Interesse.

»Transporter«, warf ich ein.

Fragende Blicke trafen mich.

»Fallschirmjäger springen in der Regel aus einem Transporter, nicht aus Kampfjets.«

Der Reeder lächelte kurz, wurde aber sofort wieder ernst. »Ich habe mich in der Tat für Sie entschieden, weil Sie vor einiger Zeit für eine befreundete Reederei tätig waren, deren Schüttgutfrachter wie unser Tanker angegriffen wurde. Dummerweise sind wir ja nicht versichert.« Seitenblick zum Justiziar. Doch er schmierte es ihm nicht aufs Brot. Das übernahm der Chief Security Officer und verstrich den Fehler genüsslich wie eine fette Aalpaste. Er zitierte den Justiziar sogar, wie er strikt gegen eine Lösegeldversicherung votiert hatte. »Wir brauchen so etwas nicht, weil wir nur in sicheren Gewässern auf festen Routen fahren.«

Der Genannte lief rot an, zu Recht, denn diese sicheren Gewässer gehörten mittlerweile zu den High Risk Areas.

»Meine Herren, das bringt doch jetzt nichts!«, rief der Reeder zur Ordnung. »Herr Schneider hat in einem ähnlichen Fall alle ins Niger-Delta verschleppten Geiseln durch eine Lösegeldübergabe befreien können.«

»Aber nicht allein«, stellte ich richtig. »Hinter mir steht ein starkes Team.«

»Wie selbstlos«, stichelte der Justiziar. Allmählich gingen mir seine Verzögerungsmanöver auf die Nerven. Ich war wieder einmal in die Schusslinie geraten. Auch das war nichts Neues für mich, ganz typisch für den Beginn einer Krise. Irgendeinen trifft es immer, weil es manchen Zeitgenossen schwerfällt, sich einzugestehen, dass sie alleine nicht weiterkommen, dass es besser ist, Verstärkung anzufordern. So einen Angriff halte ich aus.

Der Reeder gab mir Rückendeckung. »Wir alle sollten etwas mehr Contenance wahren! Gewiss, die Nerven liegen blank, unsere Reederei ist in einer Situation, wie sie schlimmer kaum sein könnte. Wir haben keinen Plan für diese Ereignisse. Und ja, wir haben fahrlässig gehandelt, weil wir uns nicht abgesichert haben. Doch das ist der falsche Moment, das zu diskutieren oder Schuldige zu suchen. Wir brauchen jetzt einen Lotsen, der uns hier rausbringt. Und ich habe den Eindruck, dass Herr Schneider unser Mann ist.«

Diese starke Führungspersönlichkeit gefiel mir. Frederik Olsen konnte Entscheidungen treffen – und das war dringend nötig, zumal uns die Zeit jetzt schon davonlief. Jede Stunde, die verstrich, konnte das Leben der Geiseln noch mehr gefährden. Wenn sie überhaupt noch am Leben waren. Es lag so unendlich viel Arbeit vor uns, dass diese Nickeligkeiten mehr als überflüssig waren. Doch sie gehörten dazu. Menschen müssen sich zuerst einmal in die Krise hineinfinden, sich in ihr einrichten – und da hat jeder sein eigenes Tempo. Manche begreifen sehr schnell, andere sind langsamer, und wieder andere erinnern sich am liebsten an jene Zeiten, als alles noch gut war. So wie Frau Sommer. »Neulich habe ich noch mit dem Kapitän telefoniert. Er ist doch vor zwei Wochen zum ersten Mal Vater geworden. Ich habe ihm gratuliert und …«

Es klopfte an der Tür, und ohne auf ein »Herein!« zu warten, betrat eine Mitarbeiterin den Raum und flüsterte dem Reeder etwas ins Ohr.

»Danke«, sagte er zu ihr, und zu uns: »Ein Beamter der Bundespolizei See wird in 15 Minuten eintreffen.«

»Lassen Sie uns die Zeit für eine To-do-Liste nutzen«, bat ich die Anwesenden.

»Legen Sie los«, unterstützte der Reeder mich. Er saß mit mir in einem Boot. Seine Mitarbeiter schwammen zum Teil noch um uns herum.

»Wie finden wir heraus, wie es den Geiseln geht?«, fragte die Personalleiterin.

»Wo sie sich überhaupt aufhalten«, ergänzte der Chief Security Officer.

»Nachdem wir einen Krisenstab etabliert haben, sollten wir so schnell wie möglich Informations- und Kommunikationshoheit erlangen. Wir benötigen ein Lagebild. Auf diesem aufbauend werden wir unser Ziel formulieren, eine Verhandlungsstrategie und Handlungsoptionen erstellen«, versuchte ich es noch einmal mit einem etwas anderen Wording. Wenn Klarheit geschaffen werden muss, ist das Militärische oft ganz dienlich.

»Das Wichtigste ist jetzt doch einmal«, wollte der Justiziar das letzte Wort haben, »wie wir mit den Entführern in Kontakt kommen.«

»Darüber brauchen wir uns die geringsten Sorgen zu machen«, sagte ich. »Die melden sich.«

## Risikofaktoren

Wenn ich selbst noch nie Opfer eines Handtaschendiebstahls wurde, komme ich gar nicht auf die Idee, ein besonderes Augenmerk auf meine Tasche zu richten. Sobald ich jedoch Opfer oder auch nur Zeuge eines solchen Vorgangs geworden bin, gebe ich acht auf meine Tasche. Es ist menschlich, Situationen, die neu, die noch nie da gewesen sind, falsch zu bewerten beziehungsweise gar nicht, indem wir sie ignorieren. Wir brauchen Erfahrungswerte und ein gewisses Bewusstsein, um etwas einordnen zu können. Idealerweise müssen wir so eine Situation geschmeckt, gerochen, gesehen, gehört, gefühlt und gespürt haben. Dann bilden wir uns eine Meinung, erkennen den Ernst einer Lage oder bewerten sie anders als zuvor. So erging es vielen Menschen in Bezug auf den Klimawandel, als kürzlich in Deutschland mehr als 42 Grad Celsius gemessen wurden. Das hat man sich bis vor Kurzem kaum vorstellen können.

Wer ihre Zeichen zu lesen vermag, warnt womöglich, wird aber nicht gehört und manchmal sogar verspottet: Angsthase, Pessimist, Sicherheitsfanatiker, Kontrollfreak, Weltuntergangsprophet … Von so jemandem will man sich die Laune doch nicht verderben lassen! Risikofaktoren ernst zu nehmen bedeutet in der Regel auch, dass etwas Geld kostet. Maßnahmen, um ein Risiko im Keim zu ersticken, damit keine Krise erwächst, gibt es nicht umsonst. Im Fall der Reederei hätte es eine Lösegeldversicherung inklusive präventivem Risiko- und Krisenmanagement bedeutet.

Gewiss ist es angenehmer, mit Gottvertrauen zu segeln. Ist es nicht ein gutes Gefühl, wenn man sich von freundlichen Zeitgenossen umgeben fühlt, die einem nichts Böses wollen? Das Risiko im Blick zu behalten sei kontraproduktiv, höre ich manchmal. Man würde die Katastrophe damit heraufbeschwören.

Von solchen Spekulationen halte ich nichts. Es kommt immer auf die Lage an. Wer in einem Dorf auf der Schwäbischen Alb lebt, kann seine Haustür vermutlich ruhigen Gewissens über Nacht unverschlossen lassen. Das würde sich in vielen anderen Gegenden nicht empfehlen.

Wenn ich ein Risiko als solches identifiziert habe und nicht willens bin, darauf zu reagieren, die Bedrohung zu kommunizieren, wird mein Krisenmanagement schlecht sein. Wer im Gegenteil umsichtig handelt, kann die Krise sogar umschiffen ... und hat am Ende des Tages sehr viel Geld gespart, denn Krisen sind teuer. Sie kosten nicht nur Geld und guten Ruf, sondern manchmal auch Menschenleben, sie stellen eine enorme Belastung für alle Beteiligten dar, und häufig dauert es lange, bis die Wunden verheilt sind.

Umso unverständlicher ist es, weshalb Menschen eine Krise oft so lang und hartnäckig leugnen und beschönigen. Nein, es ist gar nicht so schlimm. Nur ein kleiner Konflikt. Nein, das wird schon wieder. Nein, da ist nichts. Nein, das bildest du dir ein. Man muss ja nicht den Teufel an die Wand malen.

Nein, muss man nicht, aber eines Tages hat er sich selbst an die Wand gemalt, mit Schwefel, na klar. Und nun? Nun fragt man sich vielleicht, wie das passieren konnte. Häufig lautet die Antwort, dass wir nicht in der Lage sind, uns bestimmte Szenarien vorzustellen, weil sie nicht in unser Weltbild passen. Oder wir überschätzen unsere eigenen Möglichkeiten.

Wir alle übersehen gern, was unangenehm ist, was uns schmerzt, wofür wir keinen Plan haben, was nicht in unsere Vorstellung von der Welt passt. In einer Operation des KSK kann so etwas tödlich enden. Deshalb ist Risikoabwägung für mich eine Art Lebensversicherung. Zu meiner Tätigkeit gehört auch die Beratung von Unternehmen in Sicherheitsfragen, zum Beispiel, wenn Mitarbeiter in Risiko- und Krisenregionen entsandt werden. Damit kommen die Unternehmen ihrer Fürsorgepflicht nach. Verschließen sie die Augen vor den Risiken an ihren jeweiligen Standorten und schicken die Mitarbeiter nach Pakistan, als läge das in Baden-Württemberg, müssten sie sich im Ernstfall eigentlich nicht wundern. Das tun sie aber. Sie fallen aus allen Wolken. Wie konnte so etwas passieren?

Es hätte nicht passieren müssen, wenn die Risiken durch ein Mitarbeitertraining minimiert worden wären: Dos und Don'ts, sich gedanklich mit riskanten Situationen auseinandersetzen, Training von Gefahrensituationen, Reaktionsmuster und das lösungsorientierte Verhalten in unsicheren Situationen einüben. Manche Unternehmen setzen auf Onlinekurse – Geldverschwendung, aber der betrieblichen Compliance ist Genüge getan. Das reicht vielen Unternehmen, denn wenn doch etwas passiert, können sie auf die Präsentation verweisen, in der vermeintlich alles erklärt wurde.

»Warum haben Sie Ihre Mitarbeiter denn nicht adäquat vorbereitet?«, frage ich in solchen Fällen.

»Wir sind seit 20 Jahren in Pakistan tätig und hatten nie Probleme«, höre ich dann oft.

Man hat sich an etwas gewöhnt und glaubt deshalb, es sei richtig. Das ist eine gigantische Gefahrenquelle. Gewohnheiten werden nämlich nicht hinterfragt, und da können sich zahlreiche Risiken einnisten, die dann aus Bequemlichkeit und mangelndem Bewusstsein nicht entdeckt werden.

»Bisher ist ja noch nie etwas passiert«, höre ich, als wäre das eine Garantie. Nein, ist es nicht, es ist Glück. Aber darauf kann man sich nicht verlassen. Auf eine Schutzweste, ein gepanzertes Fahrzeug, eine Versicherung und das KSK-Prinzip hingegen schon.

### Die Tarnung der Krise

- Eine Krise entsteht selten von jetzt auf gleich, meistens schleicht sie sich an.
- Dogmen und Festgefahrenheit in Verhaltensmustern wirken krisenverstärkend.

- Risikoidentifikation ist eine Vorstufe des Krisenmanagements.
- Wenn eine Krise ausbricht, herrscht immer erst mal Chaos.
- Dennoch nie vergessen: Die ersten Schritte können den weiteren Verlauf entscheidend prägen.
- Vernebeln und Verharmlosen verschlimmern die Krise.
- Alle Beteiligten müssen sich zunächst einmal in die Krise hineinfinden, sich in ihr einrichten – und da hat jeder sein eigenes Tempo.

## Der Wille entscheidet

Seit fast 40 Stunden hatte ich nichts gegessen und nur sehr wenig Wasser getrunken. Mental fühlte ich mich gut, denn es war mir gelungen, aus dem Gefangenenlager zu fliehen. Wir waren zu zweit; mein Buddy und ich hatten eine Unaufmerksamkeit der Wachen ausgenutzt. Oder war es eher ihre Bequemlichkeit, weil sie die Kontrollgänge aussetzten? Es schüttete wie aus Eimern in dieser Nacht, als wir die letzte Absperrung des Lagers überwunden hatten. Der Zaun war circa zweieinhalb Meter hoch. Obenauf thronte eine dreifache Stacheldrahtrolle. Wir warfen eine alte Plane darüber und legten uns auf den Stacheldraht, um ihn platt zu drücken. Während ich in Reiterstellung auf dem Zaun saß, reichte mir mein Buddy unsere improvisierten Rucksäcke, die ich auf die sichere Seite warf. Dann zog ich ihn hoch und: Sprung! Kurzes Lauschen – nein, die Hunde schlugen nicht an. Der Regen prasselte auch auf ihren Zwinger, und bei dem Wetter jagte man einfach keinen Hund vor die Tür. Mein Buddy und ich hingegen liefen nun um unser Leben. Distanz schaffen. So schnell und so weit weg wie möglich. Dennoch mussten wir unsere Kräfte richtig einschätzen und durften uns nicht völlig verausgaben. Ein weiter Weg lag vor uns.

Der Regen ging in Schnee über. Ich zitterte am ganzen Leib und wusste nicht, ob vor Spannung oder Kälte. Nun, das war auch egal, Hauptsache, wir waren draußen. Alle 30 Sekunden streifte uns der große Suchscheinwerfer; jedes Mal warfen wir uns auf den Boden und zogen die graue Plane über uns, die wir am Vortag ergattert und gebunkert hatten und die uns schon vor dem Stacheldraht geschützt hatte. Meinem Buddy war es gelungen, zwei Behelfsrucksäcke aus einem Teil der Plane zu knoten, außerdem hatten wir Jacken und Handschuhe organisiert, wenn auch im Zustand der Auflösung, löchrig und dreckig, wobei Letzteres unsere geringste Sorge war. Es war uns klar, dass wir in T-Shirts keine Chance in diesem eisigen Wind hätten, der den Schneeregen wie feine Nadeln in unsere Gesichter stach.

Waren zwei Minuten vergangen oder drei oder fünf, seitdem wir uns das letzte Mal unter dem Scheinwerfer geduckt hätten und losgelaufen waren? Ich hatte kein Zeitgefühl mehr. Alles erschien mir zugleich unendlich langsam und rasend schnell. Das Heulen der Sirenen schockte mich zurück in die Realität. Unmittelbar danach das weißgrelle Licht des großen Suchscheinwerfers. Jetzt würden sie uns entdecken. Doch die Reichweite des Lichts endete einen halben Meter hinter uns: Maßarbeit. Erleichterung durchflutete mich, doch nur für einen Sekundenbruchteil. Unser Vorsprung war zu gering. Blickwechsel mit meinem Buddy, dessen weit aufgerissene Augen weiß leuchteten. Hundegebell.

»Scheiße«, fluchte er.

»Ich hätte nicht gedacht, dass sie es so schnell merken«, presste ich heraus.

»Scheiße, die Hunde«, bekräftigte er.

Wir rannten los, immer in die Richtung unserer eigenen Reihen. Ich hatte einen Behelfskompass gebastelt mit einer magnetisierten Rasierklinge, die wir vor den Wachen gut versteckt hatten, auf einen Holzstift gelagert. Dazu zieht man die Rasierklinge über einen Magneten, damit sich die Eisenatome zuverlässig in Nord-Süd-Richtung ordnen. Wir waren ein Superteam, nicht nur im Einsatz, auch in der Gefangenschaft. Aber wir mussten zurück zur Truppe. Nach Norden.

Wir rannten in den Wald, mussten in dem unebenen Gelände voller Wurzeln das Tempo drosseln, hetzten, stolperten weiter. Hundegebell in der Ferne. Doch sie sammelten die Hunde erst, sie waren noch nicht auf unserer Fährte. Wir marschierten im Laufschritt durch die Nacht, fanden einen Rhythmus, atmeten im gleichen Takt. Wir waren hungrig, aber wir spürten es nicht. Wir waren schmutzig, aber wir rochen es nicht. Wir froren und merkten es nicht. Wir marschierten stramm. Kaum hielten wir einmal an, um die Richtung zu überprüfen, fuhr uns auch schon die Kälte in die Glieder. Wir redeten nicht. Jeder wusste, was er zu tun hatte.

Besonders, als das Hundegebell lauter wurde. Zwei Optionen: Wasser oder dichtes Unterholz. Wasser wäre besser, aber in dieser Kälte nicht die erste Wahl, hätte ich meine krampfenden Muskeln gefragt. Doch ich fragte nicht. Genau genommen gab es überhaupt keine Fragen. Nur den unbedingten Willen durchzukommen. Das eigene Leben zu retten. Das war das Einzige, was zählte. Alles war zusammengeschrumpft auf das nackte Leben. Mein Körper mobilisierte alle Kräfte. Wir hatten Glück und fanden einen Bach. Drei, vier, fünf Kilometer mussten wir gegen die Strömung im Wasser laufen. Es bringt nichts, ein Gewässer lediglich zu durchqueren, Hunde und ihre Führer sind ja nicht blöd. Meine Füße, Waden, Schenkel brüllten, als das eiskalte Wasser sie umspülte. Dann wurde es zu meiner Erleichterung etwas seichter. Nur noch bis zu den Knien. Mein Buddy vor mir rutschte aus, tauchte komplett unter, schlug um sich, glitt immer wieder aus beim Versuch, sich mit der vollgesogenen Kleidung aufzurichten.

»Scheiße, Scheiße, Scheiße!«, rang er nach Atem.

Dann schüttelte er den Kopf und zeigte mir damit, dass er sich nicht verletzt hatte. Wir verstanden uns blind. Ich konnte mich zu 100 Prozent auf diesen Kameraden verlassen, und er sich auf mich. Eine Verbindung, die im zivilen Bereich so nicht vorkommt. Da gibt man vielleicht sein letztes Hemd für einen Freund, aber nicht sein Leben. Ein Kamerad ist kein bester Freund. Diese Verbindung ist nur vergleichbar mit Bergsteigern, die in einer Seilschaft hängen. Einer verlässt sich auf den anderen, einer sichert den anderen – und unten lauert der Abgrund. Wer diese Art von Kameradschaft nicht kennt, versteht das Wort vielleicht falsch, versetzt es in den Dunstkreis von Vergangenheitsromantikern oder der rechten Szene. Die Verbindung entsteht durch die extremen Situationen, die man erlebt, die Herausforderungen, die man gemeinsam besteht. Das gleiche Ziel, die Fähigkeit zu leiden, ohne zu klagen. Härten ertragen. Trennen sich die Wege, wird das Band schwächer und besteht schließlich nur noch aus Erinnerungen. Als Kind hörte ich gebannt zu, wenn mein Opa sich mit Kameraden traf. Doch eines Tages fragte ich mich, warum sie immer die gleichen Kriegsgeschichten erzählten.

»Ist das nicht langweilig, Opa?«

»So etwas vergisst man eben nie.«

Nach etwa vier Kilometern verließen wir den Fluss, zu dem der Bach angeschwollen war. Besser wäre es gewesen, noch länger im Wasser zu laufen, doch wir schlotterten so sehr, dass wir kaum mehr vorankamen. Eigentlich hätten wir jetzt sofort und dringend unsere Kleidung trocknen müssen. Doch es wäre gefährlich gewesen, Feuer zu machen. Wir mussten so lange weitermarschieren, bis die Kleidung wieder halbwegs trocken war. Wir waren uns beide über die Gefahr einer Unterkühlung bewusst, deshalb gab es nur diese eine Möglichkeit. Nicht anhalten, weiter. Dass das Hundegebell leiser geworden und schließlich verstummt war, schenkte uns neue Kräfte. Aber nach etwa 15 Kilometern mussten wir pausieren. Wir waren seit 40 Stunden auf den Beinen, geschlafen hatten wir das letzte Mal vor zwei Tagen. Die Verhöre hatten uns keine Minute der Entspannung gegönnt. Immer wieder waren wir grob hochgerissen und in den Verhörraum verbracht worden. Wir sollten auch dringend Nahrung aufnehmen, doch wir führten keinen Proviant mit, und im Moment verspürte ich überhaupt keinen Hunger. Unsere Kleidung war immerhin nur noch feucht. Wir konnten eine Rast riskieren.

Kurz darauf sahen wir vom Waldrand aus, wo wir in Deckung entlangliefen, einen Lichtschein. Ich dachte an meinen Stabsunteroffizier in der infanteristischen Grundausbildung. Der sagte immer: »Waldränder sind mit Scheiße beschmiert.« Also meiden, wann immer möglich. Doch wir hatten keine Wahl. Wir spähten in die Nacht und entdeckten einen Bauernhof mit Scheune. Kein Hund schlug an. Sollten wir es wagen? Das Risiko war hoch. Wenn uns der Bauer sah und an den Feind verriet, waren wir geliefert. Scheiß drauf! Verrecken war nicht. Noch nicht. Wir näherten uns an, einer spähte, der andere bewegte sich. Nie weiter entfernt als wenige Meter. Immer in der Lage, den anderen zu warnen und wieder zu rennen. Das Scheunentor war lediglich mit einem großen Riegel verschlossen. Vorsichtig öffneten wir die Scheune, inspizierten sie und verkrochen uns in eine Ecke. Leider nirgends Stroh, die ganze Scheune wie blank gefegt. Auf dem harten Lehmboden zogen wir die Stiefel aus, versuchten, es uns mit der Plane irgendwie gemütlich zu machen, rückten eng aneinander, um Körperwärme auszutauschen, und schliefen sofort ein.

Hochgeschreckt. Stimmen. Wie viel Zeit war vergangen? Laute Stimmen. Herzschlag bis zum Hals. Brustkorb wie zugeschnürt. Kaum Luft. Atmen viel zu laut. Rasender Puls. Hunde kläfften. Befehle.

»Verfluchte Scheiße!«, wurde mein Buddy redselig, und ich setzte noch einen drauf: »Jetzt haben Sie uns an den Eiern!«

Da sprang das Scheunentor schon auf. Grelles Licht blendete uns. Ich sah nur die Schemen von vier Männern und zwei Hunden. Belgische Schäferhunde mit gefletschten Zähnen. In Sekundenbruchteilen stürzte ich in die Hoffnungslosigkeit. Entflohene Gefangene bekamen keine Wellnessbehandlung. Als ich die Uniform der Häscher sah, zerbröselte meine letzte, wenn auch irrationale Hoffnung. Keine Bundeswehr. So wurden wir dann auch begrüßt: »Game over, Ladies!«

Sie fesselten uns, verbanden uns die Augen und warfen uns auf die Ladefläche eines Lkw. Auf der Buckelpiste konnten wir uns nicht vor Schlaglöchern schützen und wurden heftig durchgerüttelt, während eiskalter Regen auf uns niederprasselte. In meinem Kopf rasten die Gedanken. Auch mein Großvater fiel mir ein, vermutlich weil er mit seinen Kameraden ebenfalls auf einen Lkw geworfen wurde, als er im Zweiten Weltkrieg kurz vor Moskau in Gefangenschaft geriet. Es war ihm klar: Wenn ihm die Flucht jetzt nicht gelang, würde er seine Heimat nie wiedersehen. Doch wie sollte er fliehen? Er berechnete seine Chancen. Mit seinen Kameraden war er zu sechst, und keiner von ihnen war gefesselt. Mein Opa, damals Unteroffizier, hatte ein Messer im Stiefelschaft. Die sechs Kameraden verständigten sich mit Blicken, griffen die beiden russischen Bewacher an, sprangen vom Lkw, und ihre Flucht gelang. Ohne diese Tat wäre ich nicht auf der Welt. Auf der ich gern noch eine Weile bliebe. Doch mein Buddy und ich hatten kein Messer, und unsere Hände waren auf den Rücken gefesselt, die Augen verbunden – wir konnten nicht kommunizieren. Fucking Bullshit.

Wie lange waren wir schon unterwegs? Zehn Minuten, eine halbe Stunde? Irgendwann hielt der Lkw, es fühlte sich an wie freies Gelände, ich hörte Stimmen, das Klappern der Ladeklappe. Dann wurde ich heruntergeworfen, weitergeschleift, gestoßen, geschubst. Ich nahm ein Gebäude wahr. Jemand drückte meinen Kopf nach unten – durch eine niedrige Türöffnung vielleicht.

»Take off your clothes.«

Mit verbundenen Augen zog ich mich aus. Ich fror so stark, dass mein gesamter Körper zitterte. Als ich das Shirt über den Kopf streifte, verrutschte die Augenbinde. Der Raum war circa zwölf Quadratmeter groß, schmutzig – und an der Wand lehnten

Gestalten. Teils nackt, teils mit verdreckten Klamotten am Leib. Waren das Kameraden? Das blühte mir nun auch. Der Sitz meiner Augenbinde wurde überprüft, außerdem bekam ich Ohrschützer. Ich sah nichts, ich hörte nichts, ich war gefesselt und meiner Sinne beraubt. Ich wusste nicht, wo wir uns befanden, wie es meinem Buddy ging, was geschehen würde: Ich war vollkommen hilflos. Der Wille entscheidet. Jetzt hieß es die Zähne zusammenbeißen. Hart bleiben. Diesen Schweinen nichts schenken! Widerstehen. Legt euch nicht mit mir an! Wenn ihr mich brechen wollt, habt ihr euch geschnitten, Arschgeigen.

*Der Wille entscheidet.* Immer wieder rief ich mir das Motto des KSK ins Gedächtnis. Allmählich wurde ich müde, aber ich durfte mich nicht setzen. Sobald ich auch nur ein wenig in den Knien nachgab, versetzt mir jemand einen Stoß. Ich rutschte dennoch in eine Art Dämmerzustand. Irgendwann wurde ich grob aus dem Raum gezerrt. Mit verbundenen Augen wurde ich in einen anderen Raum geführt und auf einen Stuhl gestoßen.

»Wenn Sie kooperieren, werden Sie das nicht bereuen«, sagte eine mit Freundlichkeit getarnte Stimme in gebrochenem Deutsch.

»Schneider, Oberleutnant«, sagte ich. Und meine Personalnummer.

»Es freut mich, dass Sie zur Vernunft gekommen sind«, sagte die Stimme.

»Schneider, Oberleutnant«, wiederholte ich. Und die Personalnummer.

»Wo ist der Rest Ihrer Truppe? Wo sind Ihre Kameraden?«

»Schneider, Oberleutnant«, sagte ich. Und nannte meine Personalnummer.

»Wenn Sie kooperieren, kriegen Sie einen heißen Kaffee, frische Klamotten, Sie dürfen schlafen, in einem weichen Bett. Wäre das nicht genau das Richtige jetzt?«

Ich beschränkte mich diesmal auf meine Personalnummer. Da wurde mir der Stuhl im wahrsten Sinne des Wortes unter dem

Sitzfleisch weggerissen. Weil es ohne Vorwarnung geschah, knallte ich auf den Boden. Grobe Hände rissen mich hoch und stellten mich an die Wand.

»Ich frage ein letztes Mal«, sagte die Stimme mit einer Freundlichkeit, in der Messerklingen blitzten.

Schneider, Oberleutnant. Und dann zog ich mich vollständig in mein Innerstes zurück. Konzentrierte mich auf diesen unkaputtbaren Kern. Dorthin, wo ich keine Schmerzen spüren würde. Dorthin, wo ich immer sicher wäre, egal, was geschehen würde. Es gibt nichts Stärkeres als die mentale Kraft. Der Wille entscheidet. Fickt! Euch! Alle!

Die nächsten 36 Stunden gehören zu den härtesten meines Lebens. Die Bastarde brachten mich in eine Stressposition. Ich musste mit den Händen abgestützt an einer eiskalten Betonwand stehen, Beine gespreizt, Rücken gerade, Kinn nach oben. Sobald ich versuchte, die Schmerzen zu lindern, wurde meine Position mehr oder weniger einfühlsam korrigiert. Zuerst verkrampften sich die Finger. Aber wehe, sie bildeten sich zu Krallen. Sofort wurde meine Haltung korrigiert; die Finger fühlten sich an, als würden sie dabei gebrochen. Das Gewicht des Kopfes war kaum mehr zu tragen, und dann die Müdigkeit, doch das Kinn musste in die Luft recken. Meine Schwachstelle meldete sich: der Rücken. Die Muskeln verkrampften, zogen an Hüfte und Wirbelsäule, der ganze Körper krümmte sich. Wurde unsanft korrigiert. Nach Stunden, ich wusste nicht, nach wie vielen, wurde ich in das kleine Zimmer geführt, wo die Freundlichkeit einem zuerst kühlen, dann immer brutaleren Ton gewichen war.

»Oberleutnant Schneider«, sagte ich.

Zwischendurch gab es einen Schluck schales Wasser und eine Abwechslung in der Stressposition. Ich durfte sitzen. Doch es war keine Erholung, sondern eine einzige Qual. Aufrecht auf dem Boden mit gestreckten Beinen, die Hände über dem Kopf. Sobald ich nach vorne knickte, wurde ich zurückgezogen. Das Stehen zuvor war eine Tortur gewesen. Doch jetzt meldete sich mein Ischiasnerv. Ich kürze ab: Bequem fühlt sich anders an. Doch ich blieb bei allen Verhören standfest bei meinem Text. Auch als der Raum beschallt wurde mit scheußlichen Geräuschen – Rauschen, Piepen, unerträglicher Krach in höchster Lautstärke. Danach wurde ich abermals in den kleinen Raum geführt. Diesmal wurden mir Fesseln und Augenbinde abgenommen. Ich sah eine blonde, attraktive Frau in undefinierbarer Militäruniform an einem schäbigen Schreibtisch sitzen, daneben ein Hüne mit Glatze. Mehr als die *big four* rückte ich nicht raus: Schneider, Oberleutnant, Geburtsdatum, Personalnummer. Doch eine leise Stimme in mir sagte: noch. Noch fühlte ich mich stark genug. Wie lange konnte ich dieser Tortur, die genau genommen noch gar nicht richtig begonnen hatte, noch standhalten?

Der Hüne verließ den Raum. »German Bastard!«, zischte die Blondine. »Nazi!«

Ich ignorierte sie.

Auf einmal riss sie sich ihre Bluse auf, die Knöpfe sprangen durch den Raum, einer traf mich an der Wange. Sie schrie wie am Spieß. »Help! He is going to rape me! Help!«

Die Tür sprang auf, der Hüne in Begleitung eines Zwillingsbruders stürmte herein, beide mit schweren Holzscheiten in den Händen. Die Frau, deren Bluse plötzlich in Fetzen an ihrem Oberkörper hing, kreischte, die Hünen brüllten so laut, dass mein Trommelfell vibrierte. Einer spuckte mir ins Gesicht, dann begannen sie, mit den Holzscheiten wie Berserker auf den Schreibtisch einzuschlagen. Als der in Trümmern vor ihnen lag, droschen sie auf eine Kommode ein, schließlich auf zwei Stühle. Sie machten Kleinholz aus dem Mobiliar, Trümmer flogen durch den Raum. Sie prügelten und brüllten ununterbrochen, eher wie Tiere als wie Menschen. Die Albernheit dieses Tricks brachte mich mehr aus der Fassung als die Show, die mich natürlich aus der Bahn werfen sollte. Ich sollte jetzt meine Ehre retten, meine Unschuld beteuern und so ins Reden kommen.

»Oberleutnant Schneider«, sagte ich. Und zur Abwechslung mal wieder meine Personalnummer.

Vielleicht weil das nicht verfing, vielleicht aber auch als Teil des Unterhaltungsprogramms wurde ich in einen Raum geführt, in dem sich nur ein Tisch mit einem Totenkopf und einer brennenden Kerze befand. Der Mann, der mich verhörte, war in einen schwarzen Umhang gehüllt; er sah aus wie der Tod, der Sensenmann auf Bildern. Er sprach sehr leise und gab vor, mich hypnotisieren zu wollen. »What is your unit? What is your task?«

»Oberleutnant Schneider«, sagte ich.

Wieder ging es zurück. Stressposition. So langsam merkte ich, wie ich an meine Grenzen kam. Das stundenlange Verharren in Stresspositionen. Die Kälte. Meine Finger verkrümmten sich immer wieder, weil sie an dem kalten Beton klebten. Die Bewacher, die mir den Kopf in den Nacken rückten. Wie viele Stunden waren jetzt schon vergangen? Sieben? 16? 28? Sekundenschlaf in einer Stressposition ist möglich. Das war neu für mich. Ich musste pinkeln. Ich machte mich bemerkbar. Immerhin, einer der Bewacher reagierte. Er legte meine Hände wie zum Gebet aneinander, die Daumen nach oben. An ihnen führte er mich wie an einem Joystick zur Toilette. Pinkeln unter Bewachung. Auch neu. Weil ich kaum noch Kontrolle über mich und meinen Körper hatte, merkte ich, wie es warm am Bein wurde. Gar nicht übel. Tat richtig gut. Schade, dass mir diese Bastarde so wenig zu trinken gegeben hatten. Ich hätte fassweise weiterpinkeln wollen. Stattdessen zurück in die Stressposition, zur Abwechslung im Sitzen. Ich saß auf meinem Ischiasnerv. Blitze im Kopf vor Schmerz. Ein neugieriger Blick traf mich: Wird er jetzt weich? Erneutes Verhör. »What is your unit? What is your task?«

»Oberleutnant Schneider«, sagte ich mechanisch. Zurück in die Stressposition. Aber diesmal nur kurz. Oder kam es mir nur so vor? Schon wieder wurde ich zum Verhör abgeführt. Diesmal wurden mir jedoch die Fesseln und die Augenbinde abgenommen. Blinzelnd und mit brennenden Augen sah ich einen Sergeant vor mir stehen. Englische Uniform. SAS.

»Okay«, sagte er. »The course is over.«

»Oberleutnant Schneider«, sagte ich.

»No, this is real.«

»Oberleutnant Schneider«, wiederholte ich stoisch.

»Believe me. Finish!«

Ich glaubte es erst, als mein Buddy die Tür aufriss. »Scheiße, Olli! Wir sind durch!«

Ja, der ehemalige Kommandeur des KSK hatte recht, wenn er sagte, das Aufnahmeverfahren sei das Härteste, was man Menschen in einer Demokratie antun könne. Aber im Zuge des Einstellungsverfahrens des KSK musste ich diese Prüfung bestehen, einen Survival-Lehrgang unter der Leitung des Britischen SAS, Special Air Service. Das eben geschilderte Szenario war Teil des *Combat Survival*-Lehrgangs. Es war jedenfalls eine Auszeichnung, von Mitgliedern des SAS, dieser legendären Truppe, zu lernen, die Einsatzerfahrung aus mehreren Kriegen mitbrachten. Meine Motivation, Teil des KSK zu sein, war so stark, dass ich in keinem einzigen Test, nicht einmal in der *Hell Week,* mit dem Gedanken spielte aufzugeben. Mir war klar, dass es nicht am Willen, sondern maximal an einer Verletzung scheitern würde. Die müssten mich schon liegend ins Krankenhaus transportieren, eher würde ich nicht aufgeben. Der Wille entscheidet. Aber gilt das auch in einer Krise? Man kann ja allerhand wollen, doch wenn die Umstände dagegensprechen, richtet auch der stärkste Wille nichts aus.

Welche Chancen die Reederei in Bremen hatte, die Krise zu umschiffen, die vermutlich wie das Einstellungsverfahren beim KSK nach einem oft gespielten Drehbuch ablaufen würde – das würde sich bald zeigen.

## Das Drehbuch einer Entführung

Bevor Entführer zuschlagen, beobachten sie ihre Opfer. Wann ist der Zugriff ideal? Genauso würden wir im Krisenstab nun Informationen sammeln, um die Entführer oder ihre Organisation zu identifizieren. Wir wollten herausfinden, wie sie tickten und in welcher Lage sie sich befanden, um die Verhandlung zu unseren Gunsten zu entscheiden, also so »billig« wie möglich, ohne das Leben der Geiseln zu gefährden.

Auch wenn Entführer mit dem Tod der Geiseln drohen, so behandeln sie sie in den meisten Fällen relativ gut. Denn relativ gut behandelte Geiseln – *relativ* bezieht sich hier immer auf die Umstände – sind leichter zu bewachen.

Die Entführer wollen so viel Geld wie möglich erpressen. Das Unternehmen oder die Versicherung will so wenig wie möglich bezahlen. In den ersten Verhandlungsrunden lernt man sich kennen und testet aus. Wie stark, wie schwach ist die Gegenseite? Verschiedene Taktiken, die wir auch aus seriösen Verhandlungen kennen, werden ausprobiert. Andere, nicht seriöse, werden angedroht und manchmal leider auch durchgeführt. Ein hohes Risiko stellt die Gruppe der Entführer an sich dar. Ihre Mitglieder sind keine seriösen Geschäftsleute, sondern Klein- und Großkriminelle, Mörder, Vergewaltiger, Diebe – und allesamt nicht zimperlich. Meinungsverschiedenheiten werden durchaus gewalttätig gelöst. Der Alkohol- und Drogenkonsum kann hoch sein. Die Hierarchie in solchen Gruppierungen ist streng und wird mit harten Bandagen verteidigt. Ganz unten im Ranking stehen die Bewacher der Geiseln, wenngleich ihr Job mit am gefährlichsten ist. Sie haben keine Kenntnis über die Abläufe und müssen auf einen »gerechten« Lohn durch den Anführer hoffen. Der gehört meistens zu den aktiven Kriminellen, die auch die Geiselnahme durchführen; er geht sozusagen mit schlechtem Beispiel voran. Oft leitet er auch die Verhandlungen. Spricht er kein Englisch oder hat er andere Gründe, bestellt er einen Vertreter, dem er vertraut und der seine Anweisungen umsetzt.

Wenn der Zusammenhalt in der Gruppe lose ist, können einzelne Kriminelle versuchen, ihr eigenes Ding zu drehen, die Geiseln ihrerseits zu »veräußern« oder ihnen nach Lust und Laune Schaden zufügen, was natürlich Konsequenzen hätte, die wiederum Folgen für den Zusammenhalt der Gruppe hätten und so weiter. Wenn es zu einer Meuterei kommt oder wenn es einen Angriff auf das Lager gibt, weil sich vielleicht eine andere Gruppierung die Geiseln unter den Nagel reißen will, kann die Lage eskalieren. Wurde beispielsweise der Sprecher der Kriminellen oder wurden andere Bandenmitglieder getötet, weiß unter Umständen niemand, wo sich die Geiseln aufhalten. Es gab auch Fälle, in denen wurden die Geiseln von einer anderen Gruppe entführt, der Sprecher hielt das jedoch geheim und versuchte, das Lösegeld in die eigene Tasche zu schaufeln. Oder Bewacher versuchen, einen eigenen Deal mit den Geiseln durchzuziehen. Kurz: Man kann sich auf nichts verlassen …

*Krise!*

Also eine plötzlich auftretende Situation, die von Unsicherheit, einer unklaren Lage, zeitlichem Druck und der Erfordernis zu entscheiden geprägt ist. Gefahren und negative Einflüsse für Leib und Leben, die Reputation, die Umwelt, die Vermögenswerte können dabei mit der herkömmlichen Organisationsstruktur nicht oder nur unzureichend abgewendet werden. Durch den Aufbau einer Krisenmanagementstruktur kann es gelingen, die Situation zu wenden und bestenfalls zu einem positiven Ende zu führen. Dazu brauchen wir einen Krisennavigator.

**Ihr Krisennavigator: Erste Schritte**

- Sammeln Sie Informationen, um ein erstes Lagebild zu erstellen.
- Hinterfragen Sie stets die Quellen. Was ist die Motivation hinter der Informationsweitergabe?
- Ist eine Information glaubhaft?
- Gibt es mehrere Informationsquellen, die Sie nutzen können?
- Trennen Sie bewusst Gerüchte und Annahmen von verifizierten Informationen.
- Sind Sie organisatorisch gut aufgestellt? Bilden Sie Ihren eigenen Krisenstab. Dieser gibt Halt und Orientierung.

# Einsatzvorbereitung

*Bremen, 23. Oktober, 15:15 Uhr*

Sieht aus wie ein Beamter, schoss es mir durch den Kopf, als Detlef Hollfelder von der Bundespolizei See zu uns stieß. Dann musste ich innerlich grinsen. Als Offizier bei der Bundeswehr war ich ja ebenfalls Beamter gewesen. Detlef Hollfelder stand vermutlich kurz vor der Pensionierung, war klein und kugelförmig mit Halbglatze. Er erinnerte mich an den bayerischen Schauspieler Walter Sedlmayr und passte überhaupt nicht in dieses nordische Umfeld. Sein rollendes fränkisches R wogte durch den Raum. Und so hatten wir doch eine Gemeinsamkeit, wenngleich ich eher hochdeutsch spreche. Aber ich bin in Franken geboren, was einem Franken nicht entgeht, und selbstverständlich beherrsche ich den Dialekt meiner Heimat. Nachdem sich alle vorgestellt und Hände geschüttelt hatten, wandte sich Hollfelder an mich.

»Wie laffts? Hamma schon an Krisenstab? Gibt's an Sprecher?« Sieh an, meine Herkunft war ihm nicht entgangen. Ich vermutete, dass er sonst anders kommuniziert hätte. Der Dialekt bot ihm eine willkommene Möglichkeit, die angespannte Situation zu entkrampfen. Hollfelders Strategie zur Deeskalation »daugde« mir.

»Wir stehen noch ganz am Anfang«, teilte ich ihm mit, so gern ich schon ein Stück weiter gewesen wäre. Meiner Meinung nach hatten wir uns viel zu lange mit internen Reibereien aufgehalten. Doch das ist am Beginn einer Krise allzu menschlich. Man muss erst mal hineinfinden.

Weil wir eben keine rational reagierenden Maschinen sind, brauchen wir einen Krisenstab, in dem mehrere Menschen unterschiedliche Aufgabengebiete verwalten, durchdenken und ihre Ergebnisse im Team diskutieren. Der Krisenstab hat eine wichtige Kontrollfunktion. Denn je weniger eine Person das Gefühl hat, eine Stresssituation unter Kontrolle zu haben, umso traumatischer wird sie wahrgenommen. Ein Krisenstab gibt Halt und Sicherheit. Als Menschen neigen wir dazu, uns zu sehr auf das Problem zu fixieren und die Lösung zu übersehen. Wenn Sie mit Ihrem Auto bei Blitzeis ins Schleudern geraten und sich auf den Baum konzentrieren, auf den Sie zurutschen – in der Hoffnung, irgendwie rechts oder links an ihm vorbeizukommen, heil aus der Sache herauszukommen –, erhöhen Sie das Risiko, dass der Wagen genau an das Ziel prallt. Berufskraftfahrer wie Polizisten lernen, sich auf die Lücke zwischen den Bäumen zu konzentrieren, die sie erreichen wollen – und nicht auf die Hindernisse auf dem Weg dahin. Der Krisenstab ist die geballte Konzentration auf die Lösung, die in einer klaren Zieldefinition in Stein gemeißelt wird. In diesem Falle lautete unser Ziel: Alle Geiseln kehren unversehrt zurück. Diesem Ziel sind alle anderen Ziele wie finanzielle Aspekte oder der Verbleib des Schiffs untergeordnet.

Eine Zielformulierung empfiehlt sich auch bei persönlichen Krisen, bei denen wir ja ebenfalls eine Art Krisenstab bilden, indem wir ein Problem von verschiedenen Perspektiven aus beleuchten. Oder wir sprechen mit Menschen unterschiedlicher Herkunft und Erfahrungen darüber. Oder wir überlegen uns, wie jemand, dessen Rat uns wichtig ist oder war, gehandelt hätte. Was hätte mein Großvater, was hätte meine Mutter an dieser Stelle getan? Was hätte mein Buddy getan? Er hätte *Scheiße* gesagt. Das passt in Krisensituationen eigentlich immer.

Doch wie gesagt: Die klare Zielformulierung ist das A und O. Will ich, dass mein Ehepartner aus der Wohnung auszieht, oder will ich die Scheidung? Ist es mein Ziel, in dem bestehenden Job mehr Geld zu bekommen, oder will ich die Firma wechseln? Gleiches gilt auch bei schwierigen Verhandlungen im beruflichen Umfeld. Habe ich wirklich ein Ziel definiert, bevor ich mit dem Dealen beginne? Will ich den bestmöglichen Preis? Eine langfristige Geschäftsbeziehung? Beides? Das vordefinierte Ziel muss in der Krise, in der besonderen, nicht alltäglichen Situation, immer wieder verinnerlicht und abgerufen werden. Da will ich hin! Egal, wie viele Hindernisse auf dem Weg liegen!

Was auf den ersten Blick so einfach erscheint, ist es auf den zweiten oft nicht, denn nicht selten zeigt das Ziel einen Widerspruch auf – und dann hat es keine Klarheit, keine Kraft und wird vermutlich nicht erreicht. Eine Eier legende Wollmilchsau ist kein Ziel. Ein Ziel ist klar und hat *eine* wichtige Botschaft, kein Und-dann-noch, kein Aber-auch-und-eventuell.

Ich wollte Hollfelder gerade die Details berichten, da mischte sich der Reeder ein, sichtlich erfreut von der Präsenz der Polizei. Er war der irrigen Ansicht, seine Probleme seien nun so gut wie gelöst. Doch die Erleichterung währte nicht lange. Detlev Hollfelder erklärte ihm ohne Umschweife, was ich auch schon angekündigt hatte: Die Polizei würde lediglich beobachten und beraten.

»Wie bitte? Ein Verbrechen ist geschehen! Man hat unsere Mitarbeiter entführt!«

»Freilich, Herr Olsen«, bestätigte Hollfelder. »Es ist ein deutsches Unternehmen betroffen, also Ihres. Aber die entführten Personen sind keine deutschen Staatsbürger. Und wenn dem so wäre, würde das BKA den Fall übernehmen, nicht die Bundespolizei See.«

»Ja, und warum sind Sie dann überhaupt da?«, wurde Olsen zum ersten Mal ein klein wenig patzig.

»Wir versuchen, Hintergrundinformationen für Sie zu beschaffen, sodass wir ein klares Lagebild bekommen. Gleichzeitig stell ma Ihnen unsere Erfahrung zur Verfüchung, die wir in den letzten Jahren gsammelt ham.«

Olsen musterte ihn fassungslos, und ich war nicht sicher, ob es am Inhalt oder der Präsentation seiner Ausführungen lag. Hollfelder vielleicht auch nicht; er nahm Haltung an und endete: »Das wird Ihre Entscheidungen erleichtern.«

»Ich brauche niemanden, der mir meine Entscheidungen erleichtert! Ich bin sehr wohl in der Lage, Entscheidungen zu treffen! Ich fälle jeden Tag viele, wir haben über 400 Mitarbeiter und 30 Schiffe am Laufen.«

»Gewiss, Herr Olsen«, sprang ich Hollfelder bei. Ich wollte nicht die nächste Schleife in der Warteposition drehen. Vor uns lag unendlich viel Arbeit, und wenn sich die Entführer meldeten, sollten wir die Basics geklärt haben. »Die Erfahrungen der Bundespolizei See sind trotzdem wichtig für uns. Herr Hollfelder wird«, fragend schaute ich ihn an, »uns in den nächsten Tagen und Wochen als Berater zur Verfügung stehen.« Hollfelder nickte.

»Wochen?«, rief Frau Sommer entsetzt.

Hollfelder nahm den Ball auf. Wir spielten uns warm. »Ja, Frau Sommer. So a Fall kann schò Wochen oder Monade dauern.«

»Bei uns muss das schneller gehen«, warf Olsen aufgebracht ein. »Ich muss so rasch wie möglich zum Tagesgeschäft zurückkehren! Was tun Sie konkret für uns?«, fragte er.

»Ich werde alle Informationen, die ich über die Täter und den Modus Operandi gewinnen kann, an meine Dienststelle weitergeben. Dort werden sie mit vergangenen Fällen verglichen. So können wir herausfinden, ob Ihre Tätergruppe schon einmal zugeschlagen hat, wie sie vorgegangen ist, wo sie die Geiseln versteckt hat, vielleicht ist der Sprecher der Gruppe sogar bekannt.«

»Und wenn Sie wissen, wo die Geiseln sind, melden Sie das den Nigerianern, und die befreien unsere Leute?«

Hollfelder schüttelte den Kopf. »Wir werden nicht aktiv. Wir beobachten und begleiten.«

»Aber wenn Sie wissen, wo die Geiseln sind! Da muss man doch was tun! Wenn Sie selbst dazu nicht befugt sind, muss das eben die Polizei in Nigeria erledigen oder das Militär!«

»Selbstverständlich sind wir an einer Aufklärung der Tat und Festsetzung der Täter interessiert. Wir können jedoch nur zuarbeiten.«

Das Gesicht des Reeders lief rot an. Ein Blutdruckmessgerät hätte jetzt vermutlich Alarm geschlagen. In jeder Krise gibt es Schlüsselstellen, an denen einem das Ausmaß klar wird. Dies war so eine.

»Und wer befreit die Geiseln?«, fragte Olsen gepresst.

»Wären Sie denn bereit, einer Lösegeldforderung der Entführer nachzugeben?«, fragte Hollfelder. Er war offensichtlich ein alter Hase, der mit den Reaktionen von Neulingen in einer solchen Krise vertraut war. Ich freute mich auf unsere Zusammenarbeit. Doch zuerst einmal mussten wir den Reeder und seine Crew auf unsere Linie bringen.

»Ob wir Lösegeld bezahlen, kommt auf die Höhe an. So was begleicht man ja nicht aus der Portokasse!«, empörte sich der Justiziar.

»Ja, mit wie viel müsste man denn da rechnen?«, fragte Frau von Sternberg und blickte unsicher zu ihrem Chef. Gehörte die Summe in den Safe der Geschäftsführung oder hatte Frau von Sternberg, nun Mitglied des Krisenstabs, eine neue Vertraulichkeitsstufe erreicht?

»Zuerst werden die Entführer eine sehr hohe Summe fordern«, sagte ich.

»Was ist *sehr hoch?«,* fragte der Justiziar.

»Eventuell mehrere Hundert Millionen«, sagte Hollfelder mit einer Betonung, als hätte er von 1000 Euro gesprochen.

Diese Hausnummer hatte ich auch im Kopf. Der Justiziar stieß einen dumpfen Laut aus.

Olsen hatte sich wieder im Griff. »Das liegt jenseits unserer Möglichkeiten.«

»Ich kenne niemanden, der so viel bezahlt hat«, sagte ich. »Das ist lediglich eine Forderung, mit der die Entführer die Verhandlungen eröffnen.«

»Wie sprechen wir mit den Entführern?«, fragte Olsen. »Rufen die uns an?«

Ich nickte. »Sobald sie ihr Lager erreicht haben. Vielleicht in der nächsten Stunde, vielleicht morgen oder nächste Woche. Es kann unterwegs auch zu einem Schusswechsel kommen, auf dem Weg in das Versteck zum Beispiel, wenn sie eine Militärpatrouille passieren oder eine konkurrierende Piratengruppe. Die Verbringung der Geiseln ist gefährlich, und die Entführer sind in einer ähnlichen Stresssituation wie wir. Die hocken nicht irgendwo entspannt bei Kaffee und Kuchen, denen sitzen die nigerianische Polizei und das Militär im Nacken. Vielleicht arbeiten sie aber auch mit denen zusammen, damit müssen wir ebenfalls rechnen. Die Entführer müssen sich wie wir organisieren. Aber dafür brauchen sie länger, da sie heimlich agieren. Es besteht keine Veranlassung, in Hektik zu verfallen. Wir müssen uns gewissenhaft vorbereiten«, sagte ich noch einmal. Es wäre ein Fehler, wenn ich davon ausgehen würde, dass diese Entführung wie die meisten anderen verliefe. In einer Krise muss man immer mit *allem* rechnen. Deshalb drang ich darauf, jemanden loszuschicken, um ein Handy zu kaufen. Die Nummer sollte nur für die Kommunikation mit den Entführern verwendet werden.

»Und woher kennen die Entführer diese Nummer?«, fragte Frau von Sternberg.

»Wahrscheinlich rufen sie zuerst bei der Zentrale an oder beim CSO. Theoretisch kann das Gespräch überall landen. Deshalb müssen alle Mitarbeiter Bescheid wissen, wie sie zu reagieren haben.«

Frau von Sternberg erbleichte. »Das heißt, wir müssen das jetzt öffentlich machen? Die gesamte Belegschaft soll in Kenntnis gesetzt werden?«

»Ja. Und jemand muss dafür verantwortlich sein, dass das Kontakthandy immer aufgeladen ist«, ergänzte ich eine Kleinigkeit, die einmal fast zum Scheitern einer Lösegeldübergabe geführt hatte. In einer Krise laufen wir oft Gefahr, nur die großen Baustellen zu sehen, doch wir müssen alles im Auge behalten, weil sich auch Kleinigkeiten zu Großbaustellen entwickeln können.

Frau von Sternberg war mit ihrem Wording beschäftigt. »Aber was sage ich der Belegschaft?«

»Falls ein Entführer bei Ihnen anruft, sollen sie mitteilen, dass sie der falsche Ansprechpartner sind, die richtige Handynummer weitergeben, die wir jetzt so schnell wie möglich brauchen, und den Namen des Sprechers.«

»Ja, worauf warten Sie denn noch?«, rief Olsen Frau Sommer zu. Sie sprang hoch und rannte hinaus. Ihr Stuhl fiel um. Ich hoffte, dass sie nicht auf die Idee käme, jetzt selbst ein Handy zu kaufen, sondern das delegierte. Wenn man eine Krisensituation nicht trainiert, macht man manchmal komische Sachen. Das Gehirn blockiert. Deshalb haben wir im KSK solche Situationen auch unter besonderem psychischem und physischem Druck immer wieder trainiert – mit dem Ziel, die Abläufe zu automatisieren. Im Bundeswehrdeutsch heißt so was Drill. Nur durch dieses zugegebenermaßen sture Wiederholen entstehen Automatismen, eine Voraussetzung für Handlungssicherheit. So spart man im Ernstfall kostbare Zeit und kann effektiv und effizient arbeiten.

Niemand stellte Frau Sommers Stuhl auf, bis Hollfelder sich erbarmte.

Olsen und sein Justiziar flüsterten miteinander, dann fragte Jansen: »Welche Optionen gibt es noch? Können wir direkt mit der nigerianischen Polizei in Kontakt treten?«

»Nein.«

»Das kann uns doch niemand verbieten!«, empörte sich Jansen.

»Es wäre nicht zielführend«, erläuterte ich. »Es liegt durchaus im Bereich des Möglichen, dass die Polizei und das Militär mit den Entführern unter einer Decke stecken. Entweder sind Teile davon seit der Planung der Tat dabei, oder vielleicht werden die Entführer auf dem Weg in ihr Lager von einer Polizeikontrolle aufgehalten, und man kommt ins Geschäft nach dem Motto ›Zehn Prozent der Lösegeldsumme, und ihr lasst uns in Ruhe‹.«

»Das ist ja unglaublich!«, rief Frau von Sternberg. »Kann man sich in diesem Land auf gar nichts verlassen?«

»Die Regierung ist durchaus daran interessiert, dass Ihre Geiseln freikommen«, versicherte Hollfelder. »Nur in einem sicheren Land werden gute Geschäfte gemacht.«

»Aber auch Trittbrettfahrer stellen eine Gefahr dar«, ergänzte ich. »Es kommt immer wieder vor, dass eine konkurrierende Entführergruppe die Geiseln später raubt, um ihrerseits Lösegeld zu erpressen.«

»Das ist allemal bequemer und ungefährlicher, als sich selbst Geiseln zu holen«, formulierte Hollfelder salopp. »Man setzt sich ins gemachte Nest.«

»Nein, man raubt es aus«, stellte Frau Sommer richtig, die rasch zurückgekehrt war, also hatte sie den Handykauf delegiert. Sehr gut.

Jansen sprang auf. »Also wenn ich mir das jetzt mal so überlege. Da kommen irgendwelche Kriminellen und entführen unsere Leute. Mit diesen Verbrechern haben wir nichts zu tun, denen haben wir nie irgendetwas getan.« Er ballte die Faust. »Und denen ist es scheißegal, dass da Familien und Kinder dranhängen, ich meine …« Er suchte nach Worten. »Das sind doch Menschen!«

Auf so einen Ausbruch hatte ich die ganze Zeit gewartet, denn er ist absolut verständlich. Ich hoffte allerdings, er würde schnell vorübergehen, wenngleich es wichtig ist, diese Emotionen zuzulassen. Jansen und die anderen hatten bis heute Morgen in einer heilen Welt gelebt. Die lag jetzt in Scherben vor ihnen. Da kann man schon mal fluchen.

Hollfelder nickte mitfühlend. »Jetzt sind Ihre Mitarbeiter leider zu einer Ware geworden, die Sie im Tausch gegen Geld auslösen können.«

»Sagen Sie doch gleich ›erwerben‹!«, rief Jansen mit sich überschlagender Stimme. Olsen musterte ihn besorgt, schwieg jedoch; womöglich war Jansen einfach nur sein Sprachrohr. »Und ich sehe überhaupt nicht ein, dass wir uns erpressen lassen!«, setzte er stammelnd nach. »Das wäre ja direkt … also als würden wir … ich meine, wir sind doch nicht … also wir sind doch nicht …«

»Nein, Sie sind weder feige noch auf der Flucht«, formulierte Hollfelder klar.

»Wenn wir hier jetzt gemeinsam nach Möglichkeiten suchen, wie wir diese Krise bewältigen können, hat das nichts mit Flucht vor dem Feind zu tun oder einknicken. Wenn Sie vor etwas fliehen sollten, dann vor Ihren bisherigen Gewohnheiten«, ergänzte ich.

»Und wenn wir die Befreiung der Geiseln selbst in die Hand nehmen«?, fragte Olsen. »Wenn wir eine Truppe organisieren, die unsere Leute da rausholt? Herr Schneider – können Sie das für uns managen?«

»Nein«, sagte ich. »Ich bin Berater, ich heuere keine Söldner an, und ich rate auch dringend davon ab.«

»Aber Sie kennen doch bestimmt Leute, die so was machen, aus Ihrer Vergangenheit, oder?«, fragte Jansen.

»Welche Vergangenheit?«, fragte Hollfelder. »Hab ich was verpasst?« Er lächelte in die Runde, und das befriedete alle, wenigstens für ein paar Augenblicke. Dann lobte er Erfahrungen und Kontakte seiner Behörde, die über ihren Verbindungsmann zu den nigerianischen Streitkräften und zur dortigen Polizei Kontakt herstellen würde, aber eben auf diplomatischem Wege. Und er schloss: »Wir alle sind doch daran interessiert, den Konflikt gewaltfrei zu lösen.«

»Konflikt?«, wiederholte Olsen gereizt. »Einen ›Konflikt‹ nennen Sie das?«

»Die Täter werden zur Rechenschaft gezogen«, sagte Hollfelder.

»Wenn Sie sie fassen.«

»So schlecht sind die Kollegen in Nigeria nun auch wieder nicht.«

»Ich dachte, die stecken alle unter einer Decke?«, fragte Jansen.

»Das kann vorkommen, deshalb müssen wir damit rechnen.«

»Wir sollten uns jetzt darauf konzentrieren, die nächsten Schritte zur unversehrten Heimkehr der Geiseln klar zu planen«, brachte ich unser Ziel zurück in den Fokus. »Denn sobald die Entführer die Geiseln sicher verbracht haben, werden Sie sich melden. Ich hoffe, dass unterwegs alles reibungslos über die Bühne geht.«

»Was soll das denn heißen?«, fragte Frau Sommer entrüstet. »Sie hoffen, dass die Entführung klappt?«

Ich erklärte meinen Gedankengang: »Im Lager sind Ihre Leute erst mal sicher. Vorausgesetzt, die nigerianische Polizei oder das Militär stürmen nicht. Dann könnte es nämlich zu Schusswechseln kommen. Die Entführer könnten versuchen, mit den Geiseln zu fliehen – eine solche Situation ist unbedingt zu vermeiden. Es gibt bei jeder Entführung ein paar Stationen, die extrem gefährlich sind. Der Angriff und Übergriff der Piraten auf das Schiff ist innerhalb der Entführung einer der brisantesten Momente, bei denen es Tote und Verletzte geben kann. Alle Beteiligten befinden sich in höchster Anspannung, große Unsicherheit herrscht, hoher Adrenalinspiegel.«

»Damit kennen Sie sich wohl gut aus«, warf der Justiziar ein. Das wird nichts mehr mit uns, dachte ich. Der mag mich einfach nicht.

»Wir müssen davon ausgehen«, fuhr ich fort, während Hollfelder meine Worte mit einem Nicken begleitete, »dass wir es mit Profis zu tun haben, die koordiniert vorgehen. Sie handeln aber hochemotional. So wird das auch weitergehen, und das birgt ein hohes Konfliktpotenzial auch im Lager. Die Verbringung dorthin gehört ebenfalls zu den Risiken, wie auch eine eventuelle Befreiungsaktion, die nicht selten Opfer fordert, und schließlich die Lösegeldübergabe.«

»Sie wollen also sagen, es gibt keine andere Möglichkeit beziehungsweise nur eine sichere Möglichkeit, unsere Mitarbeiter zu retten?«

»Ob Sie Ihre Mitarbeiter damit wirklich retten, weiß ich nicht«, entgegnete Hollfelder knallhart. »Aber es ist der beste Weg, genau das zu erreichen.«

»Das ist Erpressung«, rief Olsen.

»Genau«, sagte ich und hoffte, Frederik Olsen würde, anders als seinerzeit Oberst Stephanovic, auf unseren Rat hören. Denn Rechthabenwollen kann tödlich enden.

## Der Konvoi

Ich war als KSK-Teamleader im Einsatz im Kosovo. Als *Nato Kosovo Stabilisation Force* sollten wir die verfeindeten Parteien möglichst auseinanderhalten sowie die Einhaltung des Waffenstillstands überprüfen. Wir erkundeten albanische und serbische Stellungen, um zu vermeiden, dass die beiden Parteien aufeinandertrafen und sich gegenseitig beschossen und massakrierten. Um unsere Mission zu erfüllen, bewegten wir uns ständig selbst im Schussfeld, fuhren zwischen albanischen und serbischen Kommandeuren hin und her. Im Großen und Ganzen hielten sich die meisten an den Waffenstillstand, doch im Kleinen auf Kompanieebene wurde jede Gelegenheit genutzt, dem Feind noch eins mitzugeben. Den lokalen militärischen Führern war es schlichtweg egal, was irgendwo weit weg auf strategischer Ebene entschieden worden war. In der Folge kam es immer wieder zu Scharmützeln – mit Verwundeten und Toten auf beiden Seiten.

Die serbischen Truppen sollten auf festgelegten vereinbarten Routen aus dem Kosovo abziehen. Offiziell war der Krieg beendet. Inoffiziell waren viele damit nicht einverstanden. Besonders aufseiten der Albaner hatten sich im Krieg viele Kriminelle zu Warlords entwickelt. Aufseiten der Serben hielt sich zwar die reguläre serbische Armee an den Waffenstillstand, nicht jedoch die Tschetniks, wie sich die irregulären Kämpfer der Serben selbst bezeichneten. Und wenn albanische Warlords und Tschetniks aufeinandertrafen, endete es meistens blutig. Beide Seiten hatten das Vertrauen verloren. *Wenn die schießen, schießen wir auch, und idealerweise zuerst.* Tag für Tag stießen wir auf die Opfer des gebrochenen Waffenstillstands, und nicht nur Kämpfer verloren ihr Leben, sondern auch Zivilisten. Unvergessen ist mir die gescheiterte Befreiung minderjähriger Mädchen, die in einem Haus als Sexsklavinnen gehalten wurden. Wir kamen einen Tag zu spät. Fassungslos standen wir in einem Vorgarten, in dem die Leichen nachlässig verscharrt worden waren. Wo früher

Kürbisse und Salatköpfe geerntet wurden, wuchsen nun Haare und Hände aus der Erde. Es war entsetzlich, und nicht nur hier. Über dem ganzen Land lag Leichengeruch. In den Straßengräben sahen wir immer wieder aufgeblähte Leichen, die in der Sommerhitze verwesten. Einmal entdeckten wir eine ganze Familie in einem Brunnen: Vater, Mutter und drei kleine Kinder. Und wieder informierten wir unsere eigenen Einheiten, gaben die Koordinaten durch, damit die Leichen geborgen werden konnten. Serben rächten sich an der albanischen Zivilbevölkerung, und Albaner rächten sich an der serbischen Zivilbevölkerung, egal ob Kinder, Frauen, die sie bestialisch ermordeten, ja sie nagelten sogar Säuglinge an Häuserwände. Babys waren für sie keine kleinen Menschen, sondern nachwachsende Feinde.

Nach einem langen Tag fuhren wir abends in das Hauptquartier der serbischen Armee ein. Wir hatten festgestellt, dass die Route, die die Logistikeinheiten der Serben am nächsten Tag nehmen wollten, sehr nah an albanischen Freischärlern vorbeiführen würde, und schlugen eine Ausweichroute vor.

Der Kommandeur Oberst Stephanovic wollte bei seiner geplanten Route bleiben.

»Aber Sie fahren durch diese Ortschaft.« Ich legte meinen Finger auf die vor uns auf dem Tisch ausgebreitete Karte. »Die Gegend und besonders das Dorf sind voller albanischer Milizen. Wir haben sie heute gesehen.«

»Und wenn schon«, sagte der Oberst geringschätzig.

»Sie könnten das Feuer auf sie eröffnen«, sagte ich.

»Wieso sollten sie das tun? Es ist Waffenstillstand«, belehrte Stephanovic mich, als würde er selbst daran glauben.

Ich verzichtete darauf, ihn daran zu erinnern, dass der Waffenstillstand in manchen Regionen nichts wert war. Das wusste er selbst. Ich war wütend und auch besorgt, doch er hatte das Kommando über seine Truppe. *Your life, your risk,* dachte ich mir. Dem hatte ich mich zu beugen. Ein letztes Mal versuchte ich, ihm meine ausgearbeitete Alternativroute inklusive aller Vorteile schmackhaft zu machen. Das wichtigste Argument: Sicherheit für seine Soldaten. Oberst Stephanovic schüttelte schon den Kopf, da hatte ich erst drei Worte gesagt. Er war nicht interessiert. Er wollte bei seinem Plan bleiben, mit dem er fünfeinhalb Stunden Zeit sparte. Eine zynische Rechnung, wie sich erweisen sollte …

Der Konvoi der serbischen Logistikkompanie brach um sieben Uhr morgens auf. Auf einer Patrouillenfahrt gegen Mittag entdeckten wir Rauchfahnen. Sie kamen aus der Gegend der genannten Ortschaft. Vorsichtig näherten wir uns. Dutzende tote Soldaten saßen in ihren Fahrzeugen, zum Teil regelrecht durchlöchert, manche fanden wir in der Umgebung, auch einzelne Körperteile. Kein Einziger von Oberst Stephanovics Männern hatte den Hinterhalt überlebt – weil er auf seiner Meinung beharrt hatte. Er war, mit Verlaub, ein beschissener Krisenmanager … und er hatte in der Sicherheit seines Hauptquartiers überlebt.

## Operation Krise

Jeder Krieg ist auch eine Krise, und manche Krisen werden von Menschen wie Kriege empfunden. Die eigene Existenz ist bedroht, ob materiell, psychisch oder physisch – zum Beispiel bei einer Krebserkrankung. Es gibt viel mehr Gemeinsamkeiten als die fünf Buchstaben. Obwohl allerorten von Krisen die Rede ist – Regierungskrise, Klimakrise, Finanzkrise, Lebenskrise, Ehekrise, Existenzkrise, Midlife-Crisis und so weiter –, passt sie nicht in unser gut funktionierendes Leben. In der Leistungsgesellschaft ist kein Platz für Krisen, weil sie den Betrieb aufhalten. Zudem werden sie oft als persönliche Niederlage empfunden.

Wer drinsteckt, wird von vielerlei Gefühlen gebeutelt. Die Emotionen wechseln von Angst zu Zuversicht, Hass, Resignation, Wut,

Verzweiflung – die ganze Palette. KSK-Soldaten im Einsatz – und jeder Einsatz ist Resultat einer Krise und hat das Potenzial, sich zu einer noch größeren Krise auszuwachsen – sollten sich nicht von ihren Gefühlen steuern lassen. Die Fehler, die ihnen als Privatpersonen vielleicht unterlaufen würden, weil wir alle Menschen sind, könnten im Einsatz ihr Leben, das ihrer Kameraden und von Zivilisten gefährden. Auch Geiseln erleben eine extreme Krise – wie ihre Angehörigen und in unserem Fall in diesem Buch das Unternehmen.

In meinen zahlreichen Einsätze als KSK-Soldat und bei meiner heutigen Tätigkeit als *Risk, Crisis and Disaster Manager* habe ich eine Strategie entwickelt, Krisen erfolgreich zu bewältigen. Sie verbindet die Vorteile militärischer Taktik mit psychologischer Kommunikation und setzt auf klare Kante statt Vernebelung. Dies hat den Vorteil, dass Menschen in einer Krise nicht im Opferstatus verharren – etwas wurde mir/uns angetan –, sondern sich schnell Handlungsspielraum zurückerobern. Sie können aktiv tätig sein, die Krise bewältigen, und lernen, jene Fallen zu vermeiden, die Krisen verschlimmern können. Dazu gehört beispielsweise, die Krise erst mal zu ignorieren. *Es wird schon wieder werden.* Dieser Plan klappt nie, wer zu lange wartet, sät ein Desaster. Aber auch der verständliche Wunsch, die Krise so schnell wie möglich hinter sich zu bringen, kann sie verschlimmern. Jede Krise hat ihre eigene Zeit. Das anzuerkennen, die Krise als solches zu akzeptieren, ist der erste Schritt zu einer erfolgreichen Bewältigung. Am Beispiel der Bremer Reederei erkläre ich die einzelnen Schritte, die auch bei allen anderen Krisen zum Notausgang in die Freiheit führen. Warum Notausgang? Weil der herkömmliche Ausgang blockiert ist. In einer Krise ist nichts normal. Das heißt, dass wir in der Krise unkonventionell denken und handeln müssen.

## Dogmen detonieren

Krise ist Ausnahmezustand. Wir müssen anders denken, weil wir anders handeln werden. Jedes Dogma, das wir verteidigen, jede Meinung, auf der wir beharren, kann die Krise in eine Katastrophe verwandeln.

Da uns unsere Dogmen aber oft nicht bewusst sind, müssen wir doppelt und dreifach achtsam sein. Ein Dogma könnte sein, kein Lösegeld zu bezahlen. Es kann auch ein Dogma sein, dass Frauen nicht zum Priester geweiht werden oder Zigaretten ohne Filter besser schmecken. Jeder Mensch kann seine eigenen Dogmen aufstellen. Wie hart verteidigt er sie? Fühlt er sich persönlich angegriffen, wenn er sie aufgibt? Hat er sein Selbstbewusstsein an seine Dogmen getackert? Wie viel bleibt von einer Führungspersönlichkeit übrig, wenn sie ihre Dogmen ablegt?

Oberst Stephanovics Rang war höher als meiner. Spielte das eine Rolle bei seiner Ablehnung meines Vorschlags? Umso bitterer für die Hinterbliebenen der Soldaten, die meisten von ihnen waren noch keine 30. Oft Wehrpflichtige. Die Abläufe und Formalitäten des Alltags haben in einer Krise keine Gültigkeit. Wer bei einer Entführung nach dem korrekten Formular für Lösegeldtransfer sucht, wird scheitern. Krisen erfordern Flexibilität und Kreativität statt starres Planwirtschaften.

Egal, in welcher Krise wir uns befinden – Dogmen sind Totschlagargumente. *Wir haben uns versprochen, dass wir immer ehrlich zueinander sind – und jetzt hast du mich betrogen.* Anstatt einen Dialog zu beginnen, wird die Verfassung zitiert – und eine solche Verletzung ist unheilbar.

*Nur wer sein Zimmer aufräumt, darf mit in den Urlaub.* Coole Strategie, wenn man sowieso lieber mit der Clique abhängen und in den Ferien ohne Eltern zu Hause bleiben will.

Ein Dogma aufzugeben zeugt nicht von Schwäche, sondern von Mut. Und den brauchen wir, um in der Krise nicht k.o. zu gehen.

Bereits im Vorfeld verengen Dogmen den Blick auf Risiken. Der Reeder Olsen, ein korrekter Geschäftsmann, verfiel dem Irrglauben, dass sein seriöses Geschäftsgebaren seine Schiffe vor Entführungen schützen würde. Oder war es der Justiziar Jansen, dessen Dogma so klingen könnte: »Bis jetzt ist es immer gut gegangen, also wird es auch in Zukunft gut gehen«?

Mut erfordert es auch, sich einzugestehen, dass man ein Problem nicht ohne Hilfe lösen kann. Und dann braucht es Mut, das zu kommunizieren. Wer das schafft, öffnet keine Flanke für den Gegner, sondern demonstriert seine Stärke. Solche Menschen sind auch in der Lage, die Verantwortung zu übernehmen – eine Eigenschaft, die meiner Meinung nach immer seltener zu finden ist. Kaum passiert irgendwo irgendetwas, erklingt der nichtssagende Satz auf allen Kanälen, dass man dabei sei, einen Verantwortlichen zu suchen. Der wird aber meistens nicht gefunden, und dann hat die Öffentlichkeit auch schon wieder vergessen, dass da mal einer gesucht wurde. Wenn doch jemand Verantwortung übernimmt, dann oft nur einen kleinen Teil. Politiker verwenden gern die Formulierung »Ich übernehme die politische Verantwortung«. Was soll das sein? Verliert dieser Mensch seinen Pensionsanspruch? Muss er Schadensersatz leisten? Muss er sich vor Gericht verantworten? Nichts dergleichen. Worthülsen. Geplapper.

Und wer kümmert sich um den Rest? Um das große Ganze, das den Bach runterging? Wer ist dafür verantwortlich? Wird vermutlich noch gesucht. Oder jemand hat am Montag aus Versehen eingestanden, einen Fehler gemacht zu haben, und rudert am Dienstag zurück. »Ich habe das anders gemeint.«

»Ja, aber Sie haben doch gesagt, dass …«

»Ja, das habe ich gesagt, aber es wurde eben völlig falsch interpretiert.«

Und dann wird die Nebelmaschine angeworfen, und keiner blickt mehr durch. Wenn wir die Nebelmaschine in der Krise anwerfen, stehen wir selbst im Nebel und finden vielleicht nicht mehr raus.

In Krisen müssen viele Entscheidungen getroffen werden. Manche sind klein und nicht so wichtig, andere von immenser Tragweite. Wenn niemand diese Entscheidungen treffen möchte, weil die Verantwortung zu schwer wiegt, kann die Krise sich zur Katastrophe auswachsen. Manchmal stellt sich erst im Verlauf einer Krise heraus, dass der berufene Krisenmanager nicht geeignet ist. Ihn trotzdem zu behalten, weil man das Dogma vertritt, dass man Geduld braucht oder jeder eine zweite Chance verdient oder was auch immer, ist falsch verstandene Loyalität und kein erfolgreiches Krisenmanagement.

Doch wie entkommt man solchen Fehlern? Es ist eigentlich ganz einfach: Indem man sich immer wieder an sein Ziel erinnert – damit nicht das Dogma das Sagen hat, sondern dass Ziel. Damit Aktivitäten nicht dem Dogma unterworfen werden, sondern dem Ziel dienen. Damit unsere Entscheidungen nicht von Adrenalin gesteuert werden oder von Rechthaberei, Geltungssucht und anderen allzu menschlichen Motiven. Kurz: Lernen Sie zu unterscheiden zwischen einer Position und einem Ziel. Wenn Sie lediglich eine Position verteidigen, verschanzen Sie sich dort, Sie engen Ihren Blick ein und konzentrieren sich nur noch darauf, Ihr symbolisches oder reales Territorium zu sichern – Sie kämpfen um den Erhalt Ihrer Dogmen. Das ist etwas anderes als ein gemeinsamer Kampf für ein Ziel, das verschiedene Interessen bündelt. Je mehr sich Bedürfnisse, Wünsche und Interessen von Menschen angleichen, umso stärker kristallisieren sich Ziele heraus, rücken in den Mittelpunkt. Eine Position können Sie wechseln. Ein Ziel besser nicht, wenn Sie es sich wirklich gut überlegt haben, also ein strategisches Ziel. Auch Zwischenziele können verändert werden. Doch wenn eine harte Position dazu führt, dass Sie sich für ein anderes Ziel entscheiden – sozusagen als Trotzreaktion –, dann laufen Sie Gefahr, die Orientierung in der Krise zu verlieren. Basteln Sie sich notfalls einen Kompass. Norden = Lösung. Damit die Krise gemeistert wird.

Falls eine Position seit Jahren und Jahrzehnten gehalten wurde, ist es manchmal nicht einmal im Angesicht einer Krise möglich, sie loszulassen. Denn würde man damit nicht zugeben, dass man jahrelang falschlag? Es fällt leichter, stattdessen Wahlmöglichkeiten einzuräumen. Wann immer wir jemanden bitten, seine Einstellung zu überdenken – in der Hoffnung, er möge sie ändern –, ist es ratsam, ihm eine Wahl zu lassen. Viele Menschen sitzen dem Irrglauben auf, eine starke Persönlichkeit dürfe ihre Meinung nie ändern. Das ist grundfalsch: Eine starke Persönlichkeit passt ihre Handlungen immer wieder den Gegebenheiten an. Gewiss, Grundwerte sind nicht verhandelbar, doch der Weg zum Ziel durchaus. Indem wir unsere Aufmerksamkeit von der Aufgabe einer Position, von der Veränderung einer Einstellung auf unsere Wahlmöglichkeiten lenken, fühlen wir uns meistens besser. Wir haben also verschiedene Optionen. Wir müssen nichts aufgeben, sondern zwischen verschiedenen Möglichkeiten entscheiden. Und wir sollten ergebnisoffen – ohne vorgefertigte Positionen – diskutieren.

Menschen brauchen das Gefühl, gewählt zu haben. Und es gibt immer Möglichkeiten, eine Wahl aufzuzeigen. Wer wählt, glaubt, er hätte aus rationalen Gründen gewählt, obwohl die meisten Menschen sich ihre Meinungen vor einem emotionalen Hintergrund bilden.

Die Tatsache, dass meine Erfahrungen und mein Bewusstsein meine Handlungen prägen, die Tatsache, dass das klare Ansprechen von Risiken und Gefahren zwischenmenschlich, organisatorisch oder gesellschaftlich gar nicht gewollt sind, befeuern Krisenszenarien. Ich bin der festen Überzeugung, dass vor allem Dogmen, die Feigheit vor harten Entscheidungen, fehlende Klarheit in der Kommunikation und divergierende Interessenlagen immer die Wurzel für Krisen bilden. Entweder als einzelnes Phänomen oder im Zusammenwirken.

In Ausnahmefällen, wenn eine Position sehr festgefahren ist, helfen zwei Fragen. Erstens: Welche Bedeutung wird diese Angelegenheit in zehn Jahren haben? Zweitens: Wenn ich auf meiner Position beharre, was könnte dann im schlimmsten Fall geschehen? Im allerschlimmsten Fall geht es um Leben oder Tod …

**Ihr Krisennavigator: Dogmen über Bord werfen und Akzeptieren der Situation**

- In einer Krise müssen wir mit allem rechnen.
- Auch wenn es hart ist: Es geht darum, die Krise so anzunehmen, wie sie sich darstellt, nicht so, wie wir es gerne hätten, selbst wenn das wehtut.
- Krisensituationen zu trainieren ist die beste Strategie für den Ernstfall.
- In einer Krise laufen wir oft Gefahr, nur die großen Baustellen zu sehen, doch wir müssen alles im Blick behalten, sonst kann eine übersehene Kleinigkeit zu einer Großbaustelle werden.

## Das strategische Ziel

Eine der größten Gefahren in einer Krise stellt die fehlende oder mangelhafte Zieldefinition dar. Wenn wir kopflos im Affekt reagieren, verschlimmern wir die Lage. Deshalb ist das A und O jeder erfolgreichen Krisenbewältigung die Definition eines strategischen Ziels, das mit einem oder mehreren Zwischenzielen, die ebenfalls klar definiert werden, zu erreichen ist. Profis trainieren die klare Kante, um sich im Ernstfall nicht zu unüberlegten Handlungen hinreißen zu lassen. Das kann man sich auch als Zivilist angewöhnen. Zum Beispiel, indem man sich auch für kleine Herausforderungen, die keine Krisen sind, eine klare Strategie zurechtlegt und sie durchzieht. So trainiert man seine strategischen Fähigkeiten. Die Frage ist immer: Welches Ziel will ich am Ende der Krise erreicht haben? Das kann sein, dass man sich mit seinem Ehepartner über die nächsten Urlaube austauscht, in der Firma das längst fällige Gehaltsgespräch führt oder ein Eigenheim plant. In unserem Fall: Ich möchte, dass die Geiseln gesund gegen die geringstmögliche Lösegeldsumme freigelassen werden.

### 1. Lagebild

Um erfolgreich handeln zu können, muss ich die Situation so genau wie möglich kennen. In einer Lagefeststellung sammle ich Informationen, werte sie aus und bewerte sie. Das Lagebild, egal, wie es aussieht, wird zu 100 Prozent akzeptiert, auch wenn es mir nicht gefällt. Es wird keine Energie verschwendet durch: Warum ist das jetzt alles so? Ich hätte aber lieber. Die Lage ist unsicher, es gibt keine Gewissheit, die Krise ist besch… und Punkt.

Menschen neigen dazu, Risikofaktoren zu verdrängen, Gefahren zu beschönigen. Langfristig schwächt uns das. Lieber klar forcieren und dann klug handeln. Dafür muss ich aber die Situation akzeptieren, was in einer Zeit des Machbarkeitswahns nicht einfach ist. Denn man kriegt doch alles, wenn man nur will, oder?

**Die Gefahr:** Dogmen und Prinzipien verführen uns zu einer falschen Einschätzung der Lage. Wir kleben an unserem Weltbild, erklären die Krise aus dieser Position heraus, übersehen dabei Gravierendes, bewerten fehlerhaft.

**Die Falle:** Falsches Lagebild führt zu falscher Einschätzung mit falschen Handlungen.

### 2. Fluchtwege

Aus dem Lagebild und seiner Akzeptanz ergeben sich mögliche Handlungsoptionen.

*Sollen wir auf das nigerianische Militär setzen, Söldner anheuern, um die Geiseln zu befreien, sollen wir Lösegeld zahlen oder nicht?*

Um Erfolg versprechende Fluchtwege zu finden, bedarf es eines zuweilen unkonventionellen Denkens. In der Ausnahmesituation Krise kann die eigene Komfortzone nicht aufrechterhalten werden. Eingefahrene Denkmuster wirken kontraproduktiv.

**Beispiel:** Wenn wir einen Fluchtweg suchen und es gewohnt sind, durch Türen zu gehen, werden wir die kleine Öffnung in der Mauer, den Fluchtweg ins Freie, vielleicht nicht entdecken, die nur kriechend zu passieren ist.

**Besser:** Open mind! Ergebnisoffen denken und diskutieren. Den Horizont so weit wie möglich! Auch mal zum Fernglas greifen! Was sehe ich im Moment noch nicht, könnte sich aber abzeichnen?

### 3. Orientierung

Wer macht was wie, wann, wo und wozu, um den gewählten Fluchtweg erfolgreich zu beschreiten?

*Personal: Sommer*
*Kommunikation innen und außen: von Sternberg*
*Sicherheit der Crew und Lösegeldübergabe: Krüger*
*Rechtliches, Finanzen: Justiziar Jansen*
*Kommunikation mit den Tätern: Mackenroth (den werden Sie noch kennenlernen)*
*Vorstand des Krisenstabs: Reeder Olsen*
*Externer Berater Bundespolizei See: Hollfelder*

Eine solche Aufteilung ist enorm wichtig, weil Menschen sich in einer Krise sehr schnell überfordert fühlen. Zu viel stürmt auf uns ein. Wenn jeder seinen Bereich kennt, sorgt das für Entlastung und vor allem für Sicherheit. Jeder weiß, was er zu tun hat, und vergisst auch nichts, da die Aufgaben klar definiert und abgegrenzt sind. Darüber hinaus kennen alle Beteiligten das übergeordnete strategische

Ziel. Ein neues Lagebild kann schnell erstellt werden, da alle Krisenstabmitglieder ihre Ergebnisse rapportieren.

Eine Art Aufgabenverteilung kann man auch mit sich selbst vereinbaren, indem man Sach- und Beziehungsebene voneinander unabhängig durchdenkt. Die allzu menschliche Vermischung mündet in ein Orientierungsdesaster: Wir irren noch länger in der Krise herum.

## 4. Tempo

Eine Krise ist kein Wohlfühlbereich. Wir möchten so schnell wie möglich durch, raus. Das verleitet uns zu Fehlern, die am Ende dazu führen, dass die Krise deutlich länger dauert als mit einem strategisch durchdachten Vorgehen, in dem der Faktor Zeit berücksichtigt ist. Wer die Krise vollständig akzeptiert, nimmt Stress raus. Jetzt ist Krise, das kann dauern. Zudem ist die Zeit ein Druckmittel. Im Fall einer Entführung wird es für die Geiselnehmer immer schwieriger, die Geiseln im Versteck zu versorgen. Die Zeit spielt für uns. Benötigt eine Geisel Medikamente, spielt sie gegen uns. Je nach Lagebild ändert sich auch der Faktor Zeit.

Jede Verhandlung hat ihren eigenen Rhythmus. Wer führt, bestimmt das Tempo: von Schneckengeschwindigkeit zu Highspeed – Nervenkrieg. Sobald jemand in einer Verhandlung offenlegt, dass er unter Zeitdruck steht, gibt er eine Schwäche preis.

Kurioserweise haben viele Menschen große Schwierigkeiten damit, einer Krise Zeit einzuräumen. Das liegt wahrscheinlich an unserer immer schneller werdenden Gesellschaft. Alles muss schnell gehen, sofort erledigt werden. Man hat verlernt zu warten, eine Tugend, die der Soldat idealerweise beherrscht. Ein Spruch besagt: Die Hälfte seines Lebens wartet der Soldat vergebens. Er wartet, weil die Politik uneinig ist, weil der Zeitpunkt falsch ist, weil das Wetter nicht passt, er wartet aus unendlich vielen Gründen. Ich erinnere mich an den Einzug im Kosovo: Weil die Verhandlungen zwischen Serbien und der NATO keinen Abschluss fanden, waren wir monatelang in Nordmazedonien stationiert, sozusagen am Rand der Krise.

Im Fall einer Entführung sorgt unsere Geduld für erhöhten Druck auf die Geiselnehmer. Das kann man sich vor Augen halten, wenn es schwerfällt zu warten. Um unnötige Wartesituationen zu vermeiden, öffnen wir für den Dialog mit den Entführern ein Zeitfenster. Wenn wir Glück haben, halten sie sich ungefähr daran. In den Phasen, in denen wir nicht aktiv mit der Krise beschäftigt sind, sollten wir uns um andere, möglichst schöne Dinge kümmern. Die Krise sollte nie 24 Stunden des Tages verschlingen. Es wird ihr ein Zeitfenster zugewiesen. In den Freiräumen entstehen oft unkonventionelle Lösungsansätze.

### 5. Druck

Krise bedeutet Druck, Stress, Angst. Unser limbisches System steuert unser Verhalten, wenn wir nicht aufpassen. Wir können durch Training, Konzentration und Disziplin lernen, die Hoheit über unsere Emotionen in der Krise zu behalten. Zumal auch die Gegenseite, wenn es eine gibt, offene Flanken hat.

### 6. Kampfkraft

Unter der militärischen Kampfkraft des Gegners verstehen wir beispielsweise: zehn Panzer, zwei Artilleriehaubitzen, 500 Mann. Kriegsentscheidend ist aber nicht immer die Kampfkraft, sondern der Gefechtswert: Können die Männer die Haubitzen bedienen, wie gut ist die Versorgung organisiert, wie gut ausgebildet sind sie, wie motiviert, und wie ist es um ihre Führung bestellt et cetera? In unserem Fall: Die Entführer haben neun unserer Seeleute als Geiseln. Neun Geiseln erfordern eine Vielzahl an Bewachern im Schichtbetrieb, und andere, die zur Logistik und Sicherheit abgestellt sind. Mutmaßlich wird ihr Gefechtswert durch Drogen, Alkohol,

»innerbetriebliche Konflikte« und mangelnde Führungskompetenz beeinflusst. Diese Schwächen sind Joker in der Verhandlung.

### 7. Kontrolle

Um die Krise erfolgreich zu meistern, muss immer wieder überprüft werden, ob wir auf dem richtigen, dem Lösungsweg sind. Das bedeutet, regelmäßig zurückzugehen zum ersten Punkt, das Lagebild zu überprüfen, das sich mittlerweile verändert haben kann, und von hier aus alle Schritte neu zu kontrollieren. Es gibt keine Komfortzone in der Krise. Man kommt nicht irgendwo an und kann sich zurücklehnen. Jeder Sitzplatz ist ein Schleudersitz. Nichts hat Gültigkeit. Sicher sind wir erst, wenn wir ganz draußen sind. Bis dahin ist Vertrauen gut, Kontrolle aber besser – bis zum Waffenstillstand und Frieden.

### 8. Depots

Wenn die Krise gemeistert ist, wird sie nicht verdrängt, sondern die Erfolge werden in Depots eingelagert – als abrufbare Ressourcen für die nächste Krise, an deren Ende es dann wiederum heißt: Lob und Anerkennung.

# Der Sprecher

Je schneller man ein Gesamtbild der Krisensituation erstellt, umso besser. Nach langen Anlaufschwierigkeiten hatten wir das endlich geschafft – immer unter dem Vorbehalt, dass sich neue Umstände ergeben würden. Flexibilität war das Gebot der Stunde.

Die Geiseln, allesamt erfahrene Seeleute, waren im Alter zwischen 25 und 50, sodass wir von einer guten Verfassung ausgingen. Doch natürlich ist eine Entführung eine extreme Belastung, die auch einen Seebären umhauen kann. Wie jemand darauf reagiert, weiß man immer erst hinterher.

Hollfelder studierte die Personalakten der Seeleute. »Natürlich, der Smut«, murmelte er. In der Tat ist der Koch nach dem Kapitän die attraktivste Geisel; er wird auch im Lager kochen müssen, und zwar für alle. So haben die Entführer diese Aufgabe schon einmal delegiert. Die Piraten organisieren sich genauso wie wir. Sie brauchen Bewacher, Logistiker, die das Lager mit Lebensmitteln und Brennstoffen und so weiter versorgen. Es gibt Schlafgelegenheiten, vielleicht Zelte, eine Kochstelle – aber alles provisorisch ohne jeglichen Komfort in schwülheißer, dampfiger, unwirtlicher Umgebung, in der Milliarden von Insekten schwirren.

Geleitet werden solche kriminellen Gruppen von einem Führungsteam oder einem einzelnen Führer. Je nach seiner Autorität gestaltet sich der Zusammenhalt. Unter Umständen erhöhen Alkohol- und Drogenzufuhr der Kriminellen die Brisanz. Die Geiseln hatten zu diesem Zeitpunkt keine Handys mehr, auch ihre Pässe waren ihnen vermutlich abgenommen worden oder befanden sich noch an Bord. Ohne Eingangsstempel im Pass können die Geiseln das Land nach ihrer Freilassung nicht einfach verlassen; auch das mussten wir organisieren und schließlich Passbesitzer und Pass mit gültigen Stempeln zusammenführen. So etwas kostet nicht nur Zeit, sondern manchmal auch sehr viel Erfindungsreichtum und Scheinchen an den richtigen Stellen, falls die offiziellen Kanäle der Bundespolizei scheiterten, was durchaus im Bereich des Möglichen lag. Alles lag im Bereich des Möglichen.

»Woher wissen wir überhaupt, dass die Geiseln noch leben?«, fragte der Justiziar.

»Ohne Proof of Life werden wir nicht verhandeln«, entgegnete ich. Natürlich mussten wir uns vergewissern, dass die Entführer die Geiseln tatsächlich in ihrer Gewalt hatten und dass wir es nicht mit irgendwelchen Trittbrettfahrern zu tun hatten, die von der Entführung gehört hatten und abschöpfen wollten. Ich erhoffte mir Aufschluss über Details, sobald wir mit einer Geisel sprechen konnten, idealerweise mit dem Kapitän. Ich fasste zusammen: »Wir gehen aufgrund des geschilderten Modus Operandi davon aus, dass wir es nicht mit Terroristen zu tun haben, sondern mit höchst kriminellen Individuen, die in einer Gruppe organisiert operieren. Und auch wir müssen uns gut organisiert aufstellen und die Auswirkungen ihrer Motivation verstehen, die da lautet: Geld verdienen mit den Geiseln. Wir haben nun vier Positionen des Krisenstabs besetzt: für die Kommunikation, das Personal und die Finanzen, Stefan Krüger, der CSO, würde sich um die Sicherheit des Personals auf dem Schiff und die Ladung kümmern. Das Schiff war angeschlagen, ein zweiter Angriff lag förmlich in der Luft. Außerdem würde sich Krüger um die Organisation der Lösegeldübergabe kümmern. »Nun fehlt noch die Schlüsselstelle: der Sprecher«, stellte ich fest.

Fragende Gesichter schauten mich an. Ich erläuterte diese Position. »Der Sprecher ist derjenige, der mit den Entführern Kontakt hält. Er …«

»Aber das machen doch Sie, Herr Schneider!«, rief Olsen.

»Nein, ich bin der Regisseur im Hintergrund. Ich werde mich im selben Raum aufhalten wie der Sprecher und ihn instruieren.«

»Das ist viel zu umständlich!«, sprang der Justiziar seinem Chef bei. »Wieso reden Sie nicht direkt mit denen? So ein Pack ist Ihnen doch wohl vertraut?«

»Die Situation erfordert einen Beobachter von außen, der ständig die Strategie anpasst. Es ist von entscheidender Bedeutung, dass der Sprecher von den Entführern lediglich als Sprecher und darüber hinaus ohne Befugnisse angesehen wird. Er agiert im Namen des Unternehmens und wird sorgfältig ausgesucht und geschult. Vor jedem Kontakt mit den Entführern wird er neu eingewiesen. Er ist kein Mitglied des Krisenstabs, sondern bleibt außen vor. Seine Grenzen sind klar abgesteckt. Er darf keine Eigeninitiative ergreifen, doch er muss ein Vertrauensverhältnis aufbauen als eine Art ›Honest Broker‹, ehrlicher Makler für beide Seiten. So nehmen wir unter anderem Druck raus, weil die Gegenseite weiß, dass der Sprecher keine Entscheidungen fällen kann. Er muss das Besprochene erst melden. Auf der Gegenseite ist es womöglich genauso. Auch die Führung der Kriminellen wird eventuell einen Sprecher bestimmen. Je nachdem, mit wem wir es zu tun haben, und das werden wir bald wissen, spricht der Kopf der kriminellen Bande vielleicht gar kein Englisch.«

»Also kann das jeder machen?«

»Eben nicht«, korrigierte ich. Ich hätte noch sehr viel mehr zur Rolle des Sprechers sagen können, sie ist in der Tat die schwierigste und auch sehr einsam. Der Sprecher steht unter Druck, effektiv zu arbeiten, das umzusetzen, was zuvor verhandelt wurde, egal, was von der Gegenseite kommt. Er muss gegebenenfalls auch das drohende Scheitern der Verhandlungen ertragen. Das bedeutet, dass das Umfeld den Sprecher auch schützen muss. Unter keinen Umständen darf er für Entscheidungen in die Verantwortung genommen werden, die womöglich tödlich enden.

Es sollte ein besonnener und ruhiger Mensch sein, der sich nicht provozieren lässt und Druck aushält – zum Beispiel, wenn weinende oder verzweifelte Geiseln am Telefon sind. Oder wenn gedroht wird, während des Telefonats auf die Geiseln zu schießen oder ihnen anderweitig Gewalt anzutun. Ich schloss mit den Worten: »Gut wäre es, wenn der Sprecher über ein gewisses Maß an Lebenserfahrung verfügt. Darüber hinaus sollte er emotional stabil sein und starke Nerven haben.«

»Ich mach das«, sagte Olsen und stand sogar auf.

Hollfelder warf mir einen schnellen Blick zu. Wir waren einer Meinung. Frederik Olsen war nicht geeignet für diese Position. Er sollte als Chef des Unternehmens von außen auf die Gesamtsituation blicken können, nicht involviert sein.

»Davon rate ich ab«, sagte Hollfelder. »Der Sprecher muss die höchste emotionale Belastung aushalten.«

»Umso mehr ist das meine Aufgabe.«

»Und was ist mit Ihrem Tagesgeschäft?«, fragte ich. »Wie gesagt, diese Entführung kann sich sehr lange hinziehen. Außerdem brauchen wir Sie im Krisenstab. Der Sprecher ist kein Mitglied des Krisenstabs.«

»Es ist mein Unternehmen. Ich regle das.«

»Herr Olsen«, versuchte ich es erneut. »Selbstverständlich werden Sie über alles umfassend und zeitnah informiert, es wird tägliche Krisenstabsitzungen geben. Wir raten Ihnen aus unserer langjährigen Erfahrungen, diese Rolle nicht zu übernehmen.«

»Gut, dann soll meine älteste Tochter das machen. Sie wird eines Tages das Unternehmen leiten.«

Hollfelder warf mir einen gequälten Blick zu.

»Das ist keine gute Idee, Herr Olsen«, sagte ich.

»Meine Tochter ist exzellent ausgebildet, sie hat außerdem ihrem eigenen Wunsch entsprechend zusätzlich Psychologie studiert. Ich vermute, das haben Sie doch vorhin gemeint? Dass man mit Fingerspitzengefühl vorgehen muss. Da sind Frauen sowieso besser.«

Hollfelder schaltete sich ein. »Keine Frage, Herr Olsen. Aber in diesem Fall müssen wir die interkulturellen Gegebenheiten beachten. Wir haben es mit Tätern aus einem patriarchalischen Umfeld zu tun, die Frauen nicht so ernst nehmen wie Männer.«

Olsen wirkte betroffen. »Gewiss. Das habe ich nicht bedacht. Es war kein guter Vorschlag.«

Olsen gefiel mir immer besser. So einen schnellen Rückzug aufgrund der Sachlage treten nur starke Charaktere an. Ich hoffte, dass er nun einsah, wie wenig firm er in diesem kriminellen Milieu war. Doch leider war er nun noch erpichter darauf, die Sprecherrolle einzunehmen. »Ich schaffe das schon«, wiederholte Olsen, und dabei blieb er, obwohl Hollfelder und ich ihm die Nachteile detailliert aufzählten. Was den soziokulturellen Kontext betraf, glaubte er tatsächlich, sich den »draufschaffen« zu können. Doch das funktioniert nicht, wenn man mal ein Buch über fremde Sitten und Gebräuche liest. Andererseits ist es enorm wichtig, die Gedankengänge der Gegenseite oder ihr Verhalten zu kennen, egal, wie fremd sie einem erscheint. Denn das ist ja der Charakter der Krise, dass etwas anders ist als erwartet, anders reagiert, als wir erwarten, von anderen Gegebenheiten ausgeht und sie zudem anders bewertet als wir.

Bei meinen Auslandseinsätzen im KSK erhielt ich landesspezifische Informationen und Hinweise bezüglich der verschiedenen Ethnien. Großer Wert wurde auf höfliches und respektvolles Benehmen im Umgang mit der Zivilbevölkerung gelegt. So sollten wir beim Besuch muslimischer Familien unsere Schuhe vor der Wohnungstür ausziehen. Eines Tages sagte ein Kämpfer der albanischen Befreiungsarmee UÇK zu mir: Krieger ziehen ihre Schuhe nicht aus. Und weil das Ausziehen jedes Mal ziemlich umständlich war – wir trugen ja Stiefel –, folgte ich seinem Rat gelegentlich. Doch niemals habe ich einer muslimischen Frau die Hand zur Begrüßung gereicht, und es wäre mir nicht im Traum in den Sinn gekommen, eine Frau als

Verhandlungsführerin bei Kriminellen in einer stark patriarchalen Gesellschaft einzusetzen.

Ich verstand Olsen gut, doch ich wusste auch, dass er nicht in der Lage war, die Situation richtig einzuschätzen. Ein Gespräch mit Entführern ist keine normale Verhandlung. Davon ging Olsen aber aus: »Ich habe in meinem Leben Tausende von harten Verhandlungen geführt. Was glauben Sie, wie es mir gelungen ist, das Unternehmen durch die Krisen der letzten Jahre zu steuern? Und gerade wenn Sie sagen, dass diese Leute keine gewieften Verhandler sind, gerade dann bin ich doch im Vorteil!«

Selbstverständlich dachte er so. Aber bei den Entführern handelte es sich nicht um ehrbare Kaufleute, sondern um Kriminelle, und die ticken anders. Oder unterschätzte ich Olsen? Plötzlich fiel mir eine lang zurückliegende Begebenheit ein.

Meine erste Erfahrung mit einem harten Verhandler verdanke ich meinem Vater. Er war seinerzeit Chefeinkäufer bei einem Automobilzulieferer. Im Zuge eines Schulprojekts sollten wir unsere Eltern einen Tag lang im Job begleiten und später einen Bericht verfassen. So wurde ich Zeuge eines denkwürdigen Telefonats, das mir bis heute vor Augen steht. Mein Vater sprach mit einem Zulieferer, zuerst mit normaler Stimme, aber nicht so, wie ich meinen Vater kannte. Er zeigte keine Regung, auch sein Tonfall war mir fremd. Mehrfach nannte er einen Preis, der von seinem Gesprächspartner nicht akzeptiert wurde. Da machte mein Vater etwas, was mich bis ins Mark erschütterte: Er legte einfach auf. Keine Abschiedsfloskel, kein »Auf Wiederhören«, kein »Bis bald!«. Alles, was er mir eingetrichtert hatte – Höflichkeit, respektvoller Umgang et cetera –, warf er über den Haufen. War das wirklich mein Vater?

Jetzt war er es wieder und bemerkte meine Verstörung. Dann erhielt ich meine erste Lektion im Verhandeln. »Es ist wie ein Spiel. Wenn du gut darin sein willst, darfst du dir nicht in die Karten schauen lassen. Je besser du dich vorbereitest, desto höher sind deine

Chancen zu gewinnen. Im Verlauf der Verhandlung kommt es auch auf dein Improvisationstalent, deine spielerischen Fähigkeiten an. Du musst bluffen, deine wahren Motive verschleiern und vor allem: immer einen Schritt weiter sein als dein Gegenüber. Wenn du richtig gut bist, kann es großen Spaß machen. Dem darfst du dich aber nicht hingeben. Behalte dein Ziel im Auge, sonst verlierst du auch als bester Schauspieler der Welt, weil du dann nur noch Schauspieler bist anstatt Regisseur. Darauf kommt es an.«

Ich bin tatsächlich Regisseur geworden – bei Verhandlungen. Mein Genre ist das Risiko. Ich schreibe die Drehbücher, nach denen sich meine Schauspieler, also die Sprecher richten. So umschiffen wir die Gefahr, dass sie sich von Emotionen ablenken lassen und ihr Ziel aus den Augen verlieren. Terroristen und Kriminelle provozieren gern. Sie halten sich nicht an Höflichkeitsfloskeln, und »normale« Menschen verunsichert so etwas. So würde es auch Frederik Olsen ergehen, der sich ja wegen seines Tagesgeschäfts gar nicht richtig auf die Sprecherrolle würde einlassen können.

Frau Sommer verließ den Krisenstab für ein Telefonat mit der Staffing Agency, die den Kontakt zu den Familienangehörigen der Geiseln halten sollte. Eventuell würden diese gemeinsam an einen Ort gebracht, die Mitarbeiter von den Philippinen vielleicht dort, die anderen woanders.

»Wer bezahlt das?«, fragte Jansen.

»Da Sie nicht versichert sind, Sie selbst«, erklärte Hollfelder.

Stefan Krüger warf dem Justiziar einen triumphierenden Blick zu. Zwischen den beiden würde es noch öfter krachen, das war klar, zumal Krüger auch ein wenig gekränkt schien, nicht als Sprecher berufen worden zu sein. War das nicht seine Aufgabe als Sicherheitschef? Ich war mir bei ihm unschlüssig; ich hätte mir einen älteren Mitarbeiter gewünscht, keinen Mittdreißiger, der erst vor einem halben Jahr ins Unternehmen eingestiegen war. Am Falle Krügers hätte der Reeder auch sehen können, wie schwierig es ist, das Tagesgeschäft und den Krisenstab unter einen Hut zu bringen, denn Krüger war über eine Stunde bei einem lange vorher anberaumten wichtigen Termin gewesen und musste bei seiner Rückkehr erst wieder auf den aktuellen Stand gebracht werden.

Zum Schluss einigen wir uns auf Zeitfenster für die Verhandlungen, um nicht rund um die Uhr auf Anrufe der Entführer zu warten. Sobald sie sich gemeldet hatten, würden wir versuchen, täglich zwischen zehn und zwölf Uhr für die Kontaktaufnahme zu bestimmen. In Nigeria herrscht dieselbe Zeitzone wie bei uns. Täglich um acht Uhr würden wir den Sprecher briefen, und um 16 Uhr sollte sich der Krisenstab treffen und die nächsten Schritte beraten. Ob es uns gelingen würde, die Entführer so zu steuern, blieb offen. Detlev Hollfelder würde in einer Bundespolizeidienststelle eine Stube beziehen. Ich hatte ein Hotelzimmer gebucht, nachdem Frederik Olsen den Justiziar angewiesen hatte, einen Vertrag über meine Beratertätigkeit abzuschließen. Mein Honorar kam an außerordentlichen Kosten – abgesehen vom Lösegeld – auch noch auf die Reederei zu, außerdem allgemeine Organisationskosten, Transportkosten und vieles mehr. 23 000 US-Dollar hatten die Piraten aus der Schiffskasse geraubt. Und das war erst der Anfang.

Kurz vor dem Ende der ersten Krisenstabssitzung brachte ein Praktikant das Handy. Frau von Sternberg las einen kurzen Text vor, der die Mitarbeiter über die Entführung informierte – mit Hinweis auf die Telefonnummer. Es war der Justiziar, dem ein Zahlendreher auffiel. Zum Glück, sonst hätten uns die Entführer gar nicht erreicht. Ich hoffte, dass dies die einzige Panne bleiben würde. Doch leider war ich mir ziemlich sicher, dass Frederik Olsen dem Druck der Doppelbelastung nicht standhalten würde. Er hatte keine Ahnung, worauf er sich einließ. Nicht nur, dass er keine Erfahrung mit Kriminellen hatte. Wir hatten es hier auch mit einem anderen Kulturkreis zu tun. Wir wussten nicht, wie die einzelnen Täter sozialisiert waren. Ob sie bereits verurteilte oder frei herumlaufende Mörder, Strauchdiebe, Vergewaltiger waren. Oder ob sie zum Militär gehörten, desertierte Polizisten waren. Wir wussten gar nichts, außer, dass wir vom schlimmsten kriminellen Potenzial ausgehen mussten. Und das kann auch einem KSK-Offizier an die Nieren gehen.

## Entscheiden in der Zwickmühle

Eine Woche nach der Ermordung der serbischen Soldaten im Konvoi begegneten wir mit hoher Wahrscheinlichkeit der albanischen Gruppe, die dafür verantwortlich war. Es war unweit der Ortschaft, die sie mittlerweile allerdings geräumt hatte. Wir waren in der Nähe, als wir das Feuergefecht hörten. Sofort fuhren wir los – mitten hinein in eine kriegerische Auseinandersetzung zwischen serbischen Soldaten und albanischen Milizen. Abermals kamen wir zu spät.

Mein Stellvertreter ließ den Feldstecher sinken und meldete mir: »Die haben schon wieder auf Serben geschossen, und ich glaube, sie sind tot.«

»Diese Vollidioten!«, entfuhr es mir. Warum hielten sie sich nicht an den Waffenstillstand? Waren es dieselben, die den Konvoi beschossen hatten, oder eine andere Gruppe? Kurz darauf entdeckten wir sie. Ein gutes Dutzend albanischer Freischärler in schmutzigen Fantasieuniformen erwartete unsere Ankunft mit den Waffen im Anschlag.

»Schritttempo«, ordnete ich an in der Gewissheit, dass wir durch die deutschen Flaggen an unseren Fahrzeugen als Bundeswehr und somit NATO-Einheit zu identifizieren waren.

Immer mehr Details erkannten wir. Einer trug eine amerikanische Hose, ein anderer eine deutsche, ein dritter eine amerikanische Tarnjacke. Ein Einziger trug eine komplette Uniform: eine französische.

Wir passierten den beschossenen Jeep der Serben. Wir konnten den jungen Soldaten keine Erste Hilfe mehr leisten. Kopfschüsse.

»Fahrzeuge, halt!«, befahl ich. »Ich sitze ab und nehme Verbindung zu den Albanern auf.«

Allein stieg ich aus und ging, mein Sturmgewehr mit dem Lauf nach unten, auf die Gruppe zu. Ich war wütend und niedergeschlagen zugleich. Wieso hatten sie die beiden Jungs erschossen, die doch nur nach Hause fahren wollten? Es herrschte Waffenstillstand! Die Gefechtshandlungen waren seit Tagen offiziell beendet. Die beiden Serben hatten nichts falsch gemacht. Solche Taten zeigten den Hass zwischen den Parteien. Es war noch ein weiter Weg zum Frieden.

Mein Weg endete eine Armlänge vor dem Albaner in der französischen Uniform – offensichtlich der Kommandeur. Er war ein kleiner, zäher Mann mit wettergegerbtem Gesicht, tief eingegrabenen Falten und stechenden graublauen Augen. Sein Sturmgewehr zeigte nach unten. Plötzlich reichte er mir die Hand. Grinste. Allein die Augen blieben kalt. Es fiel mir schwer, seinen Händedruck zu erwidern, doch ich tat es.

»How are you?«, begrüßte er mich.

»Not so fine«, sagte ich. Ich wies auf den Jeep mit den getöteten Serben hinter mir. »What have you done?«

»Serbs. Our enemys. I kill them.«

»But why? There was no reason. They wanted to go home to Serbia.«

»I don't fucking care.«

»But you *should* care. This is against the cease-fire agreement.«

Er wich einen Schritt zurück. Hob den Kopf leicht in den Nacken, kniff die Augen zusammen. »This area is under my control. Every Serb who enters my aera of responsibility will die.« Diese Drohung unterstrich er mit einer zackigen Handbewegung an seinem Hals.

»That was not fair!«, widersprach ich. »I really ask you to stop this, because there are more Serbs coming this way to Serbia.«

»Okay. Next time I only shoot them when they start to shoot us«, gab er sich gönnerhaft, drehte sich zu seinen Männern, die im Halbkreis hinter ihm standen, lachte; sie lachten auch.

»I promise«, bekräftige er, noch immer lachend, wurde dann ernst, zuckte geringschätzig mit den Schultern. »Maybe yes, maybe no.«

»Maybe yes, maybe no«, wiederholten seine Leute, begeistert ob der Eloquenz ihres Anführers.

»Give me your word of honour«, verlangte ich.

»Yes, yes, you can trust me«, versicherte er.

Wir beide wussten, dass sein Ehrenwort nichts bedeutete. Und wir wussten auch, dass ich keine Handhabe gegen ihn hatte. Als NATO-Truppe durften wir nicht aktiv in Gefechte eingreifen. Unsere Genehmigung zum Einsatz von Schusswaffen war auf Notwehr beschränkt. Wir durften schießen, wenn auf uns geschossen wurde, aber nicht, wenn sich andere gegenseitig massakrierten.

So einen Geschäftspartner wie diesen Milizen-Kommandeur konnte sich Frederik Olsen wahrscheinlich nicht vorstellen. Aber mit solchen und schlimmeren Gesellen musste er verhandeln, wenn er seine Mitarbeiter freikaufen wollte: Menschen, denen ein Menschenleben egal ist, die nicht einmal davor zurückschrecken, Säuglinge in Betonmischmaschinen zu stecken. Das alles und noch andere schreckliche Geschichten könnte ich erzählen. Sie geschehen, wenn Aggressivität in Brutalität ausgelebt wird und Sadisten sich austoben.

Wie reagiert man, wenn man damit konfrontiert ist? Noch heute sind die Menschen erschüttert, wenn sie an das Massaker von Srebrenica denken. Die UNO-Schutzzone Srebrenica stand während des Krieges unter dem Kommando niederländischer Blauhelmsoldaten. Serbische Einheiten ermordeten rund 8000 bosnischmuslimische Jungen und Männer. Für diesen Völkermord wurden Radovan Karadžic und Ratko Mladić später zu lebenslanger Haft verurteilt. Während des Massakers schickten niederländische Blauhelme circa 350 muslimische Männer fort, die sich auf dem Gelände der UNO-Militäreinheit in Sicherheit befanden. Dieses Vorgehen sorgte später weltweit für Empörung und Entsetzen. Wäre es nicht die Pflicht der Blauhelme gewesen, wenigstens diese 350 Männer zu retten, die nun auch getötet wurden? Aber die Holländer durften nicht eingreifen, weil sie sich als neutrale Beobachter in dem Land aufhielten und nicht als Partei.

Kameraden erzählten mir folgende Begebenheit aus Afghanistan: Sie lagen in einem Erdloch und beobachteten Taliban. Da kam ein Hirtenjunge mit seiner Ziege direkt auf sie zu. Gleich würde er sie erkennen, ihre Tarnung wäre aufgeflogen. Sollten sie ihn laufen lassen mit der Gefahr, dass er ihren Standort den Taliban verriet, oder sollten sie ihn erschießen? Großes Fragezeichen.

Was tun wir, wenn wir bei unseren Einsätzen einer größeren Menschenmenge gegenüberstehen und es wird auf uns geschossen? Auch Handgranaten fliegen aus der Menge. Wie soll sich der Soldat verhalten? In die Menge schießen, obwohl er nicht weiß, wer geschossen und geworfen hat? Abwarten, bis er selbst getroffen wird? Großes Fragezeichen.

Für solche und viele andere Fragen gibt es keine klaren Antworten, sie stehen in keinem Militärhandbuch, sind von keinen *Rules of Engagement*, Einsatzgrundsätzen, gedeckt. Am Ende sind es individuelle Entscheidungen des militärischen Führers vor Ort, was zu tun ist. Sie können richtig, falsch oder sogar tödlich sein – für die Gegenpartei und die eigenen Männer. Und dann steht der Entscheider allein da und muss sich rechtfertigen: vor seiner Truppe, vor der militärischen Führung, vor der politischen Führung, vor der Gesellschaft und sich selbst. Aber auch vor dem Feind. So wie der deutsche Oberst, der in Afghanistan einen Tanklaster bombardieren ließ, weil er die Gefahr erkannte, die von ihm ausging. Das Bombardement forderte zivile Opfer. Welches Schutzziel überwog? Die Sicherheit der eigenen Truppe? Oder die der Zivilisten? Politiker, die ihm dies zum Vorwurf machten, gar über ihn herzogen, können sich nicht im Geringsten vorstellen, unter welcher inneren Zerrissenheit solche

Entscheidungen unter hohem Zeitdruck zustande kommen. Er entschied sich für den Schutzauftrag für die ihm anvertrauten Soldaten.

Idealerweise handelt man mit Rückendeckung. Das ist die Aufgabe eines Krisenstabes, der den operativen Kräften klar mitteilt, was sie in Einklang mit den Gesetzen zu tun haben.

## Gegen den Instinkt

Es ist keine Schande, wenn uns Probleme, Konflikte, Krisen zuerst einmal überwältigen, sondern ein Überlebensprogramm. Denn in solchen Situationen wird der Flucht-Kampf-Mechanismus des Reptiliengehirns, auch bekannt als Amygdala beziehungsweise Mandelkern, ausgelöst. Diese kleine doppelkernförmige Hirnstruktur, die zum limbischen System gehört, übernimmt dann das Kommando. Man könnte die Amygdala als Expertin auf dem Gebiet der Emotionen durchaus auch als Expertin in Sachen Geiselnahme bezeichnen, denn sie kann sozusagen das ganze Gehirn als Geisel nehmen und somit die Ausschüttung von Stresshormonen im Körper bewirken und den Flucht-Kampf-Mechanismus aktivieren. Doch auch wenn wir temporär von unserer Amygdala beherrscht werden, haben wir noch Optionen, können weiterhin aus mehreren Handlungsmöglichkeiten wählen, zumal die chemischen Reaktionen nicht ewig währen, sondern nur etwa drei bis sechs Sekunden. Wir können wahrnehmen, wann unsere Amygdala stimuliert wird, und trainieren, wie wir damit bewusst umgehen, anstatt automatisch zu reagieren. Und wir können einen Krisenstab bilden, in dem verschiedene Menschen mit verschiedenen Reizschwellen gemeinsam einen Weg aus der Krise finden. Wenn man allein mit sich selbst ist, hilft auch ein Satz, den ich von meinem Großvater gehört habe. Bestimmt kennen Sie ihn: Schlaf eine Nacht darüber. Ferner gilt: Erfahrung und klare Führung geben Handlungssicherheit. Aber

Übung auch. Deshalb können Sie Klarheit trainieren. Das gehörte, wenn auch in extremer Form, zu unserem täglichen Drill beim Kommando Spezialkräfte.

Wenn bewaffnete Menschen spontan reagieren würden, gäbe es noch viel mehr Tote auf der Welt. Affektentscheidungen können richtig sein, wenn wir körperlich angegriffen werden. Dann kann ich keine Nacht drüber schlafen, bevor ich meinem Gegenüber eine auf die Zwölf gebe. Sonst habe ich eventuell selbst keine Zwölf mehr.

Der Krisenstab hilft bei der Orientierung. Im schwierigen Gelände, bei Regen, bei Schnee, bei Nacht. Auch wenn es nur ein Behelfskompass ist wie im *Survival Course,* den ich vor vielen Jahren mit meinem Buddy absolvierte. Der *Survival Course* wäre die Krisenstabsübung: Man übt für den Ernstfall, hofft aber, dass der nicht eintritt.

Die Durchschlagskraft des KSK liegt auch darin, dass alle Mann an einem Strang ziehen und fokussiert sind. Nur wenn alle auf einer Linie sind, kann eine Krise bewältigt werden. Wenn in der großen Krise viele kleine Krisen entstehen, weil die einzelnen Entscheider sich nicht einigen können, weil es zu viele Optionen aufgrund verschiedener Interessenlagen gibt und so weiter, dann schwächt das die ganze Truppe. Man kennt das aus der Politik. Deshalb ist ein Zwischenziel, einen schlagkräftigen Krisenstab zu bilden, an dem alle an einem Strang ziehen.

## Geheimwaffe Charisma

Gute Führer sind stets offen und für Hinweise dankbar – wenn die Argumente überzeugen. Sie fallen nicht vom Himmel, sondern sind das Resultat ihrer vergangenen Erfahrungen. Ihre Haltung zur Krise hat enormen Einfluss auf den Verlauf. Mit ihren Erfahrungen, ihrer Sozialisation, ihrem Ver- oder Misstrauen beeinflussen sie das

Krisenmanagement. Und natürlich mit ihren Dogmen. Idealerweise haben sie keine oder wenige oder wissen wenigstens, dass sie sich davor hüten müssen.

Aber wie gelingt es nun, in einer Krise an einem Strang zu ziehen? Das gilt übrigens auch, sobald man mit sich allein verhandelt. Es wird kompliziert, wenn man nicht einen Sprecher hat, sondern mehrere innere Stimmen, die womöglich alle eine andere Meinung vertreten. Auch in diesem Fall ist es empfehlenswert, auf eine Stimme, einen Sprecher zu setzen.

Aber auf welche? Trotz aller Bemühungen um Objektivität sind wir Menschen subjektive Wesen und handeln aufgrund unserer Stimmungen und Launen und der bisher gemachten Erfahrungen. Es gibt jedoch einen Typ Mensch, dem es gelingt, manche Zögerlichkeiten oder Bedenken über den Haufen zu werfen. Das kann gut sein, es kann aber auch gefährlich sein. In einem Krisenstab habe ich es immer als der Entscheidungsfindung dienlich erlebt, wenn jemand erstens tatsächlich in die Führung gehen konnte – was ja nicht so oft vorkommt, wie man es sich wünscht –, und zum anderen auch noch über eine weitere nicht allzu oft aufblitzende Eigenschaft verfügt: Charisma. Solchen Menschen gelingt es, eine Vision für die Zukunft entstehen zu lassen, und die möchten sie gemeinsam mit den anderen erobern. Charismatiker nehmen sich selbst zurück und motivieren andere für ein gemeinsames Ziel. Das ist in der Tat eine starke Eigenschaft, die andere mitreißt, und dies ist gerade in Krisensituationen oft nötig, wenn Lethargie und Mutlosigkeit sich breitmachen. In aussichtslos erscheinenden Situationen laufen Charismatiker zur Hochform auf und verströmen Optimismus, anstatt zu jammern. Sie stellen die Chance in den Fokus und mobilisieren alle Kräfte ihres Teams, um diese auch zu nutzen. Gemeinsam.

Aber auch wenn das Team aus einem einzigen Menschen besteht und seiner Zerrissenheit zwischen vielen Entweder-oders, kann Charisma ein wichtiger Fingerzeig sein. In einer Krise ist die Lösung, die Entscheidung, der Weg, der für Sie am attraktivsten ist, am hellsten leuchtet, am besten klingt, sich am besten anfühlt, Ihnen am besten »schmeckt«, derjenige mit dem meisten Charisma. Wenn Sie sich dafür entscheiden, haben Sie Ihre maximale Kraft zur Verfügung, um die Krise zu bewältigen.

### Ihr Krisennavigator: Ziele definieren, Strategie und Taktik festlegen und Entschlüsse fassen

- Nur wer ein klares Ziel vor Augen hat, wird dieses auch erreichen. Der Bergsteiger will auf den Gipfel. Wo wollen Sie hin? Wo wollen Sie nach Beendigung der Krise stehen? Was soll erreicht sein?
- Schreiben Sie sich diese Punkte auf. Sie sind die Basis für den Erfolg zur Lösung der Krisensituation.
- Erarbeiten Sie Optionen und benennen Sie diese.
- Unter jede Option packen Sie die jeweiligen Vorteile und Nachteile.
- Legen Sie sich eine Strategie zurecht, wie Sie zum Ziel kommen wollen. Sie sind dabei frei. Es ist egal, ob der Weg über A und B, C, D zum E(rgebnis) gelangt; wenn es die höchsten Erfolgsaussichten bietet, kann er auch über D, B und dann erst C führen.
- Wägen Sie ab. Welche Option bietet die größten Erfolgsaussichten, um Ihr Ziel zu erreichen?
- Wie lautet Ihr Entschluss? Schreiben Sie ihn auf.
- Wer macht was? Wie? Wann? Wozu? Halten Sie das schriftlich fest.

# Der Krisenstab

*Bremen, 24. Oktober, 7:52 Uhr*

An diesem Morgen traf ich Detlev Hollfelder im Fahrstuhl auf dem Weg zum Krisenstab. Vermutlich hätten wir uns unter vier Augen über die Sachlage ausgetauscht, doch zwei Mitarbeiter schlossen sich uns an, und so erfuhr ich stattdessen, dass Hollfelder seine Polizeikarriere in Nürnberg gestartet hatte. Lange Zeit war er am hiesigen Flughafen bei der Bundespolizei tätig gewesen, bis er sich eines Tages in einen Fluggast aus Bremen verliebte, zur Bundespolizei See wechselte und nun seit 15 Jahren hier lebte.

»Und du?«, fragte er mich, womit er mir zeigte, dass er in mir einen Partner sah. Auf dem Weg zum Konferenzraum schilderte ich meinen Werdegang in kurzen Worten.

»Jetzt verstehe ich, warum der Justiziar immer so stichelt«, grinste Hollfelder. »Das ist bestimmt ein friedensbewegter Pazifist.« Wir lachten kurz. Immer diese Vorurteile …

»Ja, vielleicht wollte er deshalb auch keine Versicherung abschließen«, dachte ich laut. »Der Fehler ist bekannt, dass man etwas, was in der eigenen Vorstellung nicht vorkommt, prinzipiell übersieht.«

»Ja, der Blick über den Tellerrand lohnt sich allemal«, nickte Hollfelder.

Im Konferenzraum waren schon alle versammelt. Eine Mitarbeiterin fragte Kaffee- oder Frühstückswünsche ab. Die Spannung war zum Greifen, alle verlangten lediglich Wasser. Wir hatten gerade erst

Platz genommen, als es an die Tür klopfte und eine junge Frau hereinstürmte. »Stefan! Ein Entführer ist am Telefon!«

Stefan Krüger, der Chief Security Officer, sprang auf. Alle redeten durcheinander. Dann schauten sie Hollfelder und mich an. Hollfelder schaute mich an. Es wird immer derjenige ins Visier genommen, dem man die Führung zutraut.

»Herr Olsen«, sagte ich zum Reeder, »jetzt sind Sie dran.«

»Stellen Sie durch! Stellen Sie durch!«, rief Stefan Krüger.

»Langsam«, bremste ich. »Die können warten oder noch mal anrufen. Wahrscheinlich haben sie die Nummer vom Kapitän? Haben Sie öfter mit ihm telefoniert?«, fragte ich den Chief Security Officer.

»Hin und wieder«, bestätigte er.

Ich wandte mich an Frederik Olsen. Er war blass geworden. Mir war auch nicht wohl bei der Sache, denn ich hätte ihn gern vorbereitet. Deshalb sollte er jetzt auch nur seinen Namen nennen, mitteilen, dass er der Sprecher war, und einen neuen Telefontermin für 14 Uhr vereinbaren, sodass wir Zeit gewannen. Und er sollte die Handynummer durchgeben.

Doch dann lief alles anders als geplant. Denn kaum meldete Olsen sich mit »Hallo?«, brüllte eine männliche Stimme in schlecht verständlichem Englisch etwas, dann hörten wir schlagende, klatschende Geräusche, ein Ächzen, Stöhnen, Jammern, und schließlich schluchzte ein Mann: »They kill us! Help! Please! Please!«

Dann war das Gespräch beendet. Olsens Hand zitterte so stark, dass er Schwierigkeiten hatte, den Aus-Knopf zu finden.

In diesem Augenblick begriffen alle im Raum den Ernst der Lage. Dies war keine Krise, das war eine Katastrophe.

Ich brauchte dem Reeder nicht zu erklären, dass dieses Telefonat die Realität abbildete, die er gestern noch neben seiner Tätigkeit in der Unternehmensführung zwischendurch erledigen wollte. Er rang um Fassung. Dann atmete er einmal tief durch und sagte: »Ich verstehe jetzt, was Sie gemeint haben, Herr Schneider. Ich sehe mich zwar in der Lage, die Position des Sprechers zu übernehmen, aber dann nur diese. Und wenn der Fall so lange dauert, wie Sie angedeutet haben, dann … nein, dann bin ich dafür, dass wir Ihrem Rat folgen und einen anderen Sprecher bestimmen.«

»Gut«, sagte ich erleichtert. Auch Hollfelder nickte.

»Ich hab auch schon eine Idee«, begann Olsen und gewann mit jedem Wort Sicherheit zurück. »Vor einem halben Jahr ist unser langjähriger Mitarbeiter, Vorgänger von Herrn Krüger, aus dem Unternehmen ausgeschieden. Thomas Mackenroth entspricht Ihrem Wunschprofil. Er ist 67 Jahre alt, besonnen, lebenserfahren, klug, hat sich stets durch eine einwandfreie Führung ausgezeichnet, besitzt viel Menschenkenntnis, hat sein Team hervorragend geleitet und ist unserem Unternehmen, wie ich glaube sagen zu dürfen, freundschaftlich verbunden. Kommunikatives Know-how und psychologische Taktik hat er sich in zahlreichen Weiterbildungen erworben; er war nämlich jahrzehntelang im Betriebsrat. Ich glaube, dass Herr Mackenroth in dieser schwierigen Situation als Sprecher zur Verfügungen stehen würde. Wenn Sie einverstanden sind, würde ich ihn jetzt sofort kontaktieren.«

Abermals wurde die Tür aufgerissen. »Sie sind wieder dran!«

Nun geschah etwas, was mich verblüffte. Olsen nahm das Gespräch an und sagte mit sachlicher Stimme »Please call again at two o'clock. Two o'clock, okay?« Und dann nannte er drei Mal die Nummer des Handys. Er ließ sie sich wiederholen und verabschiedete sich freundlich mit einem »Goodbye.«

»Herr Olsen, das haben Sie gut gemacht«, lobte Hollfelder.

»Schuster, bleib bei deinen Leisten«, erwiderte Olsen. »Wenn ich mich da reinfuchsen würde, wäre unser Unternehmen ohne Kapitän.«

Während Olsen zu meiner Erleichterung keine Ambitionen mehr zeigte, als Sprecher tätig zu werden, erschien Stefan Krüger ein wenig enttäuscht, wenngleich er eine wichtige Funktion im Krisenstab zu erfüllen hatte und als Sprecher außen vor gewesen wäre. Doch

Krüger zeigte Größe und lobte seinen Vorgänger. »Thomas Mackenroth weiß, wie die Mannschaft tickt, hat große Führungserfahrung, spricht nicht nur Englisch, sondern auch Französisch, Portugiesisch und Spanisch und hat das Große Kapitänspatent.«

Der Genannte war leider telefonisch nicht erreichbar. Alle hofften, dass er sich nicht im Urlaub befände, zumal er leidenschaftlicher Angler war – am liebsten allein irgendwo in Norwegen. Eine Mitarbeiterin versuchte seinen Aufenthaltsort herauszufinden. Ich nutzte die Zeit für eine Zusammenfassung der bisherigen Beschlüsse – denn nachdem im Vorfeld alles geklärt war, konnten wir unsere Operation »Geiselbefreiung« starten, nicht im militärischen Sturm mit Waffengewalt, sondern zivil, mit Verhandlungen. Es erstaunt mich immer wieder, wie viele offene Flanken ich gerade beim Thema Verhandeln auch auf der Führungsebene entdecke. Doch auch ein Zugriff durch das KSK ist keine Hauruckaktion, sondern wird minutiös vorbereitet. Jedem ist bewusst, dass es um Leben und Tod geht.

## Spezialoperationen

Auch wenn die Stürmung eines Hauses für Außenstehende chaotisch wirken mag, so ist doch jede Aktion des KSK akribisch geplant. Bei einem Geiselbefreiungs- oder Festnahmeauftrag wissen wir beispielsweise, dass sich ein gesuchter Kriegsverbrecher oder Terrorist in einem bestimmten Gebäude befindet. Solche Informationen erhalten wir zum einen von den Geheimdiensten. Sie haben Telefonate abgehört, den E-Mail-Verkehr abgefangen et cetera. Zum anderen berichten ihnen V-Leute, *Human Intelligence,* die über die Gewohnheiten und Pläne der Gesuchten Bescheid wissen, vor allem auch darüber, wie viele Personen sich an einem Ort aufhalten und idealerweise wo genau. So erhalten wir wichtige Hintergrundinformationen, die ins Lagebild einfließen.

Die klassische *Operational Intelligence,* die Feinarbeit, erfolgt durch das KSK im Zusammenwirken mit den Geheimdiensten. Oft dauert es Wochen, bis wir ein lückenloses Profil des Gesuchten erstellt haben. Wann ist er in der Regel zu Hause, wo genau im Haus hält er sich zu welcher Uhrzeit bevorzugt auf, wann und wie verlässt er das Haus mit wie vielen Bewachern, oder ist er auch mal allein, trägt er eine Schutzweste, ist sein Wagen gepanzert, fährt er selbst oder mit Chauffeur, im Konvoi – mit wie vielen Fahrzeugen? Welche Waffen sind vermutlich im Haus, gibt es eventuell Sprengfallen und so weiter und so weiter.

Die besten Beobachter der Truppe sind die Scharfschützen, die den Gesuchten aus der Distanz im Visier haben, um ein Muster der Zielperson zu erstellen. Die Scharfschützen durchlaufen eine spezielle Ausbildung und sind Meister der Tarnung, die sie sehr lange aufrechterhalten können. Sie bewegen sich wie unsichtbar im Gelände. Wenn sie in einem Tarnkleid als Baum in der Pampa stehen, dann werden sie selbst zu einem Baum. Und warten und beobachten. Stundenlang. Mir wäre das zu langweilig, und ich bin auch mit meinem verschärften Schießtraining gut zurechtgekommen.

Schon als Fallschirmjäger oder als Leutnant in der Wettkampfmannschaft beim damaligen Infanteriewettkampf der Bundeswehr habe ich viel geschossen. Doch was mir beim KSK um die Ohren flog, war von einer anderen Welt. Die ersten Ausbilder sind damals aus den USA zurückgekommen und haben uns in den Schießtaktiken der amerikanischen SEALS und »Deltas« geschult. *Combat Drills* und *Close Quarter Battle* waren nun angesagt. Nicht mehr Kimme-Korn, sondern das intuitive, reaktionsschnelle, präzise Schießen aus der Bewegung. Mit Sturmgewehr, Pistole und allem, was die Waffenkammer sonst noch hergab. Schnell. Vehement. Tödlich. In dieser Zeit hatte ich das erste Mal das Gefühl, selbst zu einer Waffe zu werden.

Scharfschützen sind noch mal ein ganz eigener Menschenschlag. Sehr geduldig, ruhig, gelassen, niemals hektisch. Da zuckt kein Finger am Abzug. Getötet wird auf Distanz, aber durch das Zielfernrohr eben doch ganz nah. Die Verarbeitung erfolgt danach, wenn man das Geschehen Revue passieren lässt. Im Einsatz sind wir adrenalingesteuert und rufen unsere Drills ab, um perfekt zu funktionieren. Davon hängt nicht nur mein Leben ab, sondern auch das meiner Kameraden. Wer schneller schießt, gewinnt. Entweder wir oder die anderen. Hierbei spielt natürlich die Überraschung eine entscheidende Rolle, und dafür ist die akribische Vorbereitung unabdingbar. Wenn im Worst Case unbeteiligte Menschen sterben, ist das sehr schwer zu verarbeiten. Doch auch das müssen die Soldaten des KSK aushalten. Piloten haben es da vielleicht einfacher. Durch die hohe Bildauflösung erkennen sie zwar Details, doch ihr Einsatz gleicht einem Computerspiel. Sie drücken auf einen Knopf, schießen eine Rakete ab, sie sehen eine Explosion, eine Wolke, und dann nichts mehr. Saubere Sache? Das kommt auf die Perspektive an.

Wenn wir das Lagebild erstellt haben, diskutieren wir unsere Optionen. Welche Möglichkeiten haben wir? Mit Hubschraubern an das Gebäude heranfliegen? Im Garten abseilen und Team eins aus dem Garten durch die Hintertür. Team zwei landet auf dem Dach und gelangt durch eine Deckensprengung ins Gebäude. Nachteil: Hubschrauber sind sehr laut. Vorteil: Man hört sie erst spät. Wir gehen natürlich nicht nachmittags um drei rein, sondern nachts um drei. Die ideale Zeit für solche Spezialoperationen ist zwischen zwei und vier Uhr morgens, wenn jeder normale Mensch in einer Tiefschlafphase schlummert. Und ein Stückchen normaler Mensch steckt ja auch in einem Terroristen oder Kriegsverbrecher. Um diese Uhrzeit sind die meisten Menschen etwas langsamer. Es dauert, bis sie realisieren, was da gerade passiert, und dann ist es im Idealfall zu spät. Die Teams sind voll und ganz auf Speed ausgerichtet. Hohes Tempo wird trainiert, immer wieder und wieder und wieder und noch schneller. Es wird gestoppt, wie viel Zeit wir für die einzelnen Schritte brauchen, und der Einsatz wird so lange immer wieder durchgespielt, bis wir keine Zehntelsekunde mehr einsparen können.

Beim KSK ist jeder Mann in die Entscheidungsfindung involviert. Ja, jeder Mann. Wie in anderen Spezialeinheiten des Bundes sind zwar im KSK auch Frauen aktiv, aber nicht in den Kommando-Trupps, sondern zum Beispiel in der Gesprächsaufklärung und Forensik. Vor dem Einsatz finden wir gemeinsam unter Abwägung aller Vor- und Nachteile die ideale Vorgehensweise mit der geringsten Gefahr und dem höchstwahrscheinlichen Erfolg. Ganz zum Schluss gehen wir in die sogenannte Isolationsphase. Sie kann mehrere Tage dauern, und es wird nichts anderes gemacht, als den Einsatz bis ins allerletzte kleinste Detail immer wieder und wieder zu proben. Das kann sehr belastend sein, weil einem permanent vor Augen steht, in welche Situation man sich demnächst begibt. Was wie ein spannendes Spiel wirken mag, kann das eigene Leben und das der Kameraden kosten. Deshalb sind wir alle auch als *Combat Medic* ausgebildet. Wir sind geschult, Erste Hilfe zu leisten. Jeder von uns hat eine entsprechende Ausstattung dabei. Immer. So können wir überbrücken, bis die professionellen Medics übernehmen. Wir planen also nicht nur den Zugriff, sondern immer auch: Was ist, wenn … Kein Szenario wird ausgeblendet, »unwahrscheinlich« gibt es nicht. Wir trainieren alle Ernstfälle.

An einem geheimen Ort, oft in einer Halle, werden die Grundrisse des Gebäudes, das wir stürmen wollen, aufgezeichnet, und wir trainieren maßstabsgetreu sogenannte *Tape Drills.* Eine schöne Metapher für Trockenübungen anhand eines Modells, wie sie bei allen Spezialkräften der Welt durchgeführt werden, idealerweise im Maßstab eins zu eins. Diese Vorgehensweise stand in übertragenem Sinne auch im Bremer Krisenstab an.

Jeder weiß, was er zu tun hat. Jede Bewegung muss sitzen. Wenn es immer wieder irgendwo hakt, wird etwas im Ablauf geändert. Wie lange braucht Team A, bis es die Tür aufgesprengt hat, wer geht als Erster rein und wohin? Nach links, der Zweite nach rechts, der Dritte schaut hinter die Tür. Safe. Nächster Raum. Safe. So arbeitet sich Team A von unten vor, während Team B im Obergeschoss Türen eintritt und Team C das Dach sprengt. Es ist bis auf das letzte Gramm genau festgelegt, welche Sprengmittel, welche Blendgranaten wir benutzen, welche Bewaffnung wir mitnehmen. Sie bemisst sich am Widerstand, mit dem wir rechnen. Welche Informationen haben wir über Waffen und Wachen? Gibt es Hunde, die wir ausschalten müssen?

Die Stimmung ist konzentriert und angespannt. Gewiss fällt mancher dumme Spruch. Man kann nicht 24 Stunden am Tag ernst sein. Doch je näher die Stunde des Einsatzes rückt, desto ruhiger wird es. Jeder überprüft hoch konzentriert sein Equipment. Bis auf den kleinsten Riemen muss alles sitzen, die Waffen werden gecheckt, es wird aufmunitioniert: Wie viele Magazine brauche ich, sind die Funkgeräte in Ordnung, das Nachtsichtgerät? Und so weiter. Jeder legt sich seine persönliche Ausrüstung zurecht, und da geht kein anderer ran. Keiner. Wie in jedem Team, so hat auch beim KSK jeder Mann seine spezielle Aufgabe. Aber wir müssen auch wissen, was die anderen machen. Derjenige, der verantwortlich ist für die Sprengung der Tür, muss die Kameraden im Auge behalten, die danach durch die Öffnung ins Haus stürmen. Mal abgesehen davon, dass er die richtige Menge Sprengstoff verwendet, er soll ja nicht das ganze Haus in die Luft jagen und Kameraden gefährden. Oder das Haus ist weg und die Tür steht noch. Shit happens.

Eine perfekte Vorbereitung gibt es nie. Und den perfekten Angriff auch nicht. Aber irgendwann fühlt man sich so gut vorbereitet, dass man loslegen will. Ich war und bin kein Freund von allzu detaillierten Planungen. Sie halten oft der Realität nicht stand. Wie sagte schon der Heeresreformer, Militärwissenschaftler und -ethiker Generalmajor Carl von Clausewitz im 19. Jahrhundert: »Kein Plan überlebt den ersten Zusammenstoß mit dem Feind.«

Das Warten zermürbt, es soll endlich losgehen. Doch es geschieht nicht selten, dass es gar nicht zum Einsatz kommt. Unsere Planung wird obsolet, weil sich das Lagebild ändert. Vielleicht erfahren wir vom Geheimdienst, dass einer der Informanten gemeldet hat: Der Boss ist dabei, das Haus zu wechseln. Oder dass Gäste erwartet werden. Oder dass es am nächsten Tag zu irgendeiner Veränderung kommt, sodass wir nur noch innerhalb weniger Stunden stürmen können, allerdings mit dem erhöhten Risiko, dass der gewohnte Tagesablauf des Gesuchten ein anderer sein kann. Oder eine lange vorbereitete Aktion wird abgeblasen, weil die Zeit oder das Wetter nicht stimmt, die Lage unklar ist, das Überraschungsmoment fraglich oder »Druck von oben« herrscht.

Die Taktik vieler Krimineller, Kriegsverbrecher und Terroristen besteht unter anderem darin, ihre Aufenthaltsorte möglichst oft zu wechseln, um es dem Gegner, also uns, zu erschweren, sie aufzuklären und einen Plan zu fassen. Wenn sich jemand täglich oder alle zwei, drei Tage an einem anderen Ort aufhält, ist es schwierig, etwas zu planen. Wir müssen dann immer wieder von vorne anfangen, auch die Umgebung eruieren. Wie kommen wir unter diesen Umständen am besten ans Ziel? Nicht selten müssen wir die letzten Kilometer mit all unserem Gepäck zu Fuß gehen, weil wir extrem leise vordringen möchten. Leise gehen mit schwerer Bewaffnung ist aber eine Kunst für sich.

Mit Schutzweste, Ausrüstung, Funk, Sprengmitteln, Wasser, Verpflegung, Munition und Waffe trägt jeder bis zu 50 Kilo. Leichtfüßig und schnell stellt man sich anders vor, und dennoch ist das unser Vorteil. Wir kommen völlig überraschend und ziehen die Operation unter Anwendung von roher Gewalt durch. Da gibt es nichts zu beschönigen. Ich bitte nicht um Verzeihung, ehe ich einen Gesuchten idealerweise zu Boden werfe, um ihn festzunehmen. Der Nahkampf wird beim KSK ständig trainiert, gerade in der Anfangszeit der Ausbildung zum KSK-Soldaten, sehr intensiv. Von morgens bis abends Würgen, Schlagen, Treten. Natürlich in Schutzkleidung, aber es tut trotzdem weh. Zur Entspannung zwischendurch extreme Sporteinheiten. Und dann wieder eine Runde Würgen, Schlagen, Treten. In diesen geballten, oft wochenlangen Phasen wachte ich morgens mit schmerzenden Knochen auf und hätte manchmal kotzen können, aber ich musste ja gleich wieder würgen, schlagen, treten. Ich entdeckte Körperstellen, die mir bislang fremd waren. Und die auch meine Gegner entdeckten, die versuchten, mich zu würgen, zu schlagen und zu treten. Wir trainierten mit und ohne Messer. Nahkampf ohne Waffen ist schon scheiße, mit Messer wird es noch beschissener. Wenn du einen Angreifer mit Messer abwehren sollst, aber ohne Waffe oder Schlagwerkzeug vor ihm stehst, hast du wirklich ein Problem. Ich habe immer versucht, eine Pistole griffbereit zu haben. Kein Messer ist so schnell wie eine 9mm. Ein guter Messerkämpfer wurde ich nie. Mein Kampfmesser habe ich meist zu handwerklichen Tätigkeiten genutzt oder zum Schmieren eines Leberwurstbrotes. Die dicke, grobe mag ich bis heute am liebsten.

## Der Funker

Um 9:32 Uhr klopfte es an die Tür des Besprechungszimmers in der Reederei und ein grauhaariger Herr in tadelloser Kleidung und aufrechter Haltung betrat den Raum.

»Ihr braucht meine Hilfe?«, fragte er.

Unser zukünftiger Sprecher Thomas Mackenroth war bereits im Bilde. Seine ehemalige Sekretärin, mit der er ein enges Verhältnis pflegte, hatte ihn aufgrund des Rundschreibens von Frau von Sternberg informiert. Der Mann gefiel mir auf Anhieb. Er würde die Stellung halten und nicht zusammenbrechen, wenn er von beiden Seiten auch belastende Informationen bekäme. Er könnte die *Blocking Force* darstellen, die Ersteindrücke nicht direkt an den Krisenstab durchstach und ihn so zu emotionalen Reaktionen verleitete. Mackenroth wäre in der Lage, Emotionen aufzufangen, zu filtern und auf der

Sachebene zu kommunizieren – so meine Einschätzung. Doch ich sollte mich täuschen. Es gab einen Haken an Thomas Mackenroth, doch der war mir in diesem Moment noch unbekannt. Allerdings war er entscheidend, und er konnte unser Rettungsschiff zum Kentern bringen.

Eine Krise führt uns immer ans Eingemachte. Und da schwappen schon mal Emotionen hoch, die eine Mission gefährden können. Sobald ein Mensch sich bedroht fühlt, reagiert er nicht mehr rational. Wie bereits beschrieben, übernimmt die Amygdala dann das Kommando. Doch auch Störgefühle aus der Kindheit können auftauchen, gerade wenn man sie am wenigsten braucht. Das macht die Krise so gefährlich. Ich habe zahlreiche Situationen in der Führungsebene und auch im militärischen Sicherheitsbereich erlebt, bei denen ich mich fragte, ob hier erwachsene Menschen miteinander redeten oder ob wir uns im Sandkasten befanden. Ich möchte mich da gar nicht ausnehmen, da ist jeder gefährdet. Was man im Alltag gut im Griff hat, detoniert in der Krise. Bei aller Menschen- und Selbsterkenntnis ist man dagegen nicht gefeit. Aber in diesem Moment traute ich Thomas Mackenroth zu, eine stabile Brücke zwischen Entführern und Reederei zu bauen, eine gute Basis in der Krise. Mit seiner Hilfe würden wir das nötige Grundvertrauen herstellen, um die Geiseln zu befreien. Ohne Vertrauen geht gar nichts.

Das musste auch Olsen nun aufbringen. »Ich bin also bei den Telefonaten nicht dabei?«, erkundigte er sich.

»Nein, nur der Sprecher Herr Mackenroth, Herr Hollfelder und ich«, antwortete ich.

Olsen akzeptierte diese Entscheidung, was mir zeigte, wie sehr er seinem ehemaligen Mitarbeiter vertraute. Vielleicht war es ihm aber auch klar, dass Mackenroth bei den Telefonaten mit den Entführern seine gesamte Konzentration benötigen würde. Wenn man von Publikum umringt ist, wenn womöglich der ganze Krisenstab um den

Sprecher herumsteht, kann ihn das aus dem Konzept bringen. Die Telefonate sind in der Regel kurz, es kommt auf jedes Wort an. Höchste Konzentration ist erforderlich, alle Störungen sind auszuschließen. Ich erklärte dem Reeder, dass wir von jedem Gespräch ein Protokoll anfertigen würden. Im Krisenstab würden wir die Telefonate analysieren und die weitere Vorgehensweise festlegen. Je besser das Englisch des Sprechers auf der Entführerseite, umso einfacher. Die Wortwahl lässt viele Rückschlüsse zu. Wenn jemand eine Sprache nur rudimentär beherrscht, ist das schwierig. Aber auch dann können wir Fingerzeige erhalten. Wie klingt die Stimme? Ist der Mann gehetzt? Hat er womöglich Angst? Weicht er aus? Will er etwas verbergen?

Auf alle diese Merkmale sollte man auch in ungefährlichen Verhandlungen achten, so bewusst wie möglich. Doch auch wenn wir es nicht tun: Unser Bauchgefühl nimmt die Befindlichkeiten unseres Gegenübers wahr. Wir wissen zwar nicht genau, warum wir ein komisches Gefühl bei einer Sache haben, und suchen deshalb gern rationale Argumente. Doch vielleicht haben wir nur wahrgenommen, dass die Stimme ein wenig gezittert hat. Das ist ein sehr wichtiger Hinweis, dem wir auf den Grund gehen sollten – was wir auch tun können, wenn wir lediglich unserem Bauchgefühl folgen.

Was verrät uns unser Bauchgefühl oder, wenn wir es wahrgenommen haben, dieses kaum hörbare Zittern? Ist unser Gegenüber unsicher? Dann können wir das für unsere Zwecke nutzen. Befindet er sich kurz vor einem Wutanfall? Wollen wir einen solchen provozieren oder lieber vermeiden – was ist förderlicher für die Erreichung unseres Ziels? Steht unser Gegenüber unter Druck? Dann müssen wir ihn so weit stabilisieren, dass es nicht zu einer Kurzschlussreaktion kommt. Oder eben genau sie forcieren, wenn wir sie für nützlich halten.

Wer schreit, hat unrecht, so lautet ja ein geflügeltes Wort. Dass eine laute und klare Stimme auch einen Führungsanspruch untermauern kann, Unsicherheit nehmen und Orientierung geben kann, lernte ich erst bei der Bundeswehr. Und viele Jahre lang machte mich der Umgang mit Menschen, die nicht auf den Punkt kommen, nervös und fuchsig. Aber in Verhandlungen, gerade auch unter Berücksichtigung von interkulturellen Besonderheiten, sollte man geduldig sein und lauschen. Lass dein Gegenüber erst mal aus der Deckung kommen. Geschulte Ohren hören an der Tonlage, wie jemand tickt und drauf ist. Ob jemand ein Grinsen in der Stimme hat oder ihm etwas auf der Seele liegt. Auch Sie können das herausfinden. Schließen Sie bei einem Ihrer nächsten Telefonate die Augen und versuchen Sie, sich in die Stimmung Ihres Gegenübers einzufühlen. Sie werden merken, es funktioniert. Vielleicht gelingt es Ihnen sogar, die Stimmung Ihres Gesprächspartners zu Ihren Gunsten zu beeinflussen? Das wäre ein gutes Training für eine Entführung, die Sie hoffentlich nie erleben.

Im Alltag mögen wir viele der flüchtigen Eindrücke, die uns im Kontakt mit anderen Menschen überfluten, kaum Aufmerksamkeit zollen, sie schnell vergessen. In einer Krise, bei einer Verhandlung muss man jedem kleinsten Verdacht nachgehen und jede Veränderung registrieren. Ich kündigte Olsen an, nach welchen Gesichtspunkten ich die Telefonate mit den Entführern analysieren würde – auf Basis unserer Zieldefinition, die Seeleute wohlbehalten freizubekommen:

- Was wissen wir über den Zustand der Geiseln?
- Sind sie einer größeren Gefahr ausgesetzt als bisher?
- Passt das Gespräch zu dem vorhergehenden?
- Oder gab es eine wesentliche Lageveränderung?
- Welche Optionen haben die Entführer jetzt?
- Und welche Optionen hat der Krisenstab?

Diese Optionen würden wir nachfolgend diskutieren.

»Das alles hat Hand und Fuß«, nickte Olsen anerkennend. »Auch, dass Herr Mackenroth kein Teil des Krisenstabs ist. Das würde ihn womöglich, wenn auch unbewusst, beeinflussen.«

Ja, es ist enorm wichtig, dass der Sprecher lediglich so viel weiß, wie er wissen muss. Nur so kann er glaubhaft jene Informationen vermitteln, die wir ihm geben würden. Wüsste er, dass eine Information nur einem strategischen Zwischenziel diente, könnte er sie nicht so überzeugend weitergeben.

Erfahrene Verhandler sind in der Lage, sich intensiv auf ein Teilziel zu konzentrieren, auch wenn es scheinbar nichts mit ihrem Gesamtziel zu tun hat. Das zeichnet einen gewieften Bluffer aus. Mit so einem würde ich nicht pokern.

Mackenroth schlug Olsen freundschaftlich an den Oberarm.

»Wir lassen uns von denen nicht kleinkriegen, Chef.«

Ohne Zweifel, die beiden Herren hatten einen guten Draht. Es war sicher nicht leicht gewesen für Stefan Krüger, in die Fußstapfen von Mackenroth zu treten. Ich war gespannt, wie er auf einen Erfolg oder Misserfolg des Sprechers reagieren würde. Denn gerade hier würde sich zeigen, ob die Reederei in einem Boot saß oder womöglich einer zukünftigen Krängung entgegensteuerte.

In der Bewältigung einer Krise zeichnet sich schon immer ein Kurs ab für die Lösung der nächsten. Die sogenannten *Lessons Learned* sind wichtig, um beim nächsten Mal nicht die gleichen Fehler zu begehen. Die Nachbereitung eines Einsatzes, das sogenannte De-Briefing, wird auch bei Spezialkräften praktiziert. Jeder an der Operation Beteiligte schildert seine Eindrücke des Erlebten. Was war gut, was lief schlecht? Aber nicht nur die Ansprache des Mangels, sondern auch die Möglichkeiten des Handelns, um es beim nächsten Mal besser zu machen, werden eingefordert. Etwas, was in der heutigen Zeit kaum noch praktiziert wird. Es wird genörgelt und gejammert, aber keine Alternative aufgezeigt. Beim KSK käme man damit nicht durch.

Wir sind zwar damit beschäftigt, im Hier und Jetzt das Schlimmste zu vermeiden. Doch das wird eines Tages eine Erinnerung sein, von der wir zehren können und die uns mit Zuversicht erfüllen kann, dass wir auch die aktuelle Krise gut meistern werden. Im Nachhinein können wir auch erkennen, warum wir in eine Krise geraten sind – und diese Fehler in Zukunft vermeiden. Davon abgesehen ist es ein sehr gutes Gefühl, wenn man auf erfolgreich gemeisterte Krisen zurückblickt. Da wird die bevorstehende gleich ein wenig kleiner, und Optimismus breitet sich aus: Auch diese Krise werden wir bewältigen.

»Na denn, Mast und Schotbruch«, verabschiedete sich Olsen von Mackenroth und mir. Eine Menge Arbeit lag vor uns. Ich würde den Sprecher nun trainieren und ihm dann mein erstes Skript vorlegen.

Mackenroth schrieb während meiner Einführung in das Thema *Verhandlungen mit Entführern* alles gewissenhaft mit und wiederholte schließlich in seinen eigenen Worten. Ich konnte mir ein Grinsen nicht verkneifen.

Fragend schaute er mich an.

»So einen Funker hätte ich mir gewünscht«, sagte ich.

Mackenroth lachte. Er kannte sich aus. Der Funker nimmt die Befehle auf und gibt sie weiter. Einer Interpretation enthält er sich, und er schmückt sie auch nicht aus.

»Ich spreche im Namen des Unternehmens«, rapportierte Mackenroth. »Ich bin kein Teil des Krisenstabes, sondern bekomme lediglich die festgesetzte Strategie mitgeteilt. Ich werde mich in jedem Gespräch an das mir von Ihnen ausgehändigte Skript halten, das wir vor dem Gespräch intensiv durchgehen. Ich weiß, dass es schwierig werden kann, bei den Vorgaben des Textes zu bleiben. Ich werde nach Möglichkeit nicht von der Linie abweichen. Auch nicht, wenn es sehr emotional wird, weil ich vielleicht unsere gefangenen Seeleute schreien oder weinen höre.« Er zögerte.

»Das Skript gibt Ihnen Handlungssicherheit«, bestätigte ich ihn.

»So was könnte man auch privat manchmal ganz gut gebrauchen«, sagte er.

»Allerdings.« Das habe ich schon oft gedacht, doch viele Leute halten ihr Privatleben ja für weniger wichtig als geschäftliche Verhandlungen. Was meiner Meinung nach ein Fehler ist, da die private Zufriedenheit eine tragende Säule des beruflichen Erfolgs ist.

In der folgenden Stunde verdeutlichte ich Thomas Mackenroth, dass seine Gesprächspartner einen anderen Menschenschlag repräsentierten als sein normaler Umgang. Dennoch teilten wir eine große Gemeinsamkeit: Wir saßen alle, wenn auch nicht in einem Boot, so doch im selben Gewässer. Auf den ersten Blick mochte der Eindruck entstehen, die Reederei hätte die schlechteren Karten. Doch genau genommen hatten beide Seiten das gleiche Blatt. Entführer und Reederei sind in einer unangenehmen Situation. Beide sind extremem Stress ausgesetzt. Bei beiden steht viel auf dem Spiel. In einer Krise sollte uns niemals der Fehler unterlaufen zu glauben, auf der Gegenseite, falls es sie gibt, laufe alles rund. Wir sollten uns immer wieder vergegenwärtigen, dass die anderen auch Probleme haben. Das sollte in die Lösungsstrategie mit einfließen. Die Schwäche der anderen ist unsere Chance – wenn wir uns dessen bewusst sind, was aber manchmal schwierig ist, wenn wir in unserer eigenen Angstsuppe paddeln.

Eine Schlüsselrolle nimmt hierbei der Faktor Zeit ein. Den würden wir später ausspielen. Er eignet sich vortrefflich, um die Gegenseite zu steuern, ohne die Geiseln in Gefahr zu bringen.

Am wichtigsten war jedoch nun der Vertrauensaufbau. Ohne Vertrauen gibt es keine gute Verhandlung: Nichts funktioniert ohne Vertrauen. Es ist der Schmierstoff in unserem Miteinander, und wenn der fehlt, gelangen wir niemals zu guten Ergebnissen. Nun haben wir es in einem Entführungsfall mit Leuten zu tun, denen man keinen Gebrauchtwagen abkaufen würde. Wir vertrauen ihnen nicht – durch ihre Tat haben sie jeden Vertrauensvorschuss verspielt. Das sollen sie aber nicht merken. Um unsere Ziele zu erreichen, benötigen wir trotz allem ein gutes Gesprächsklima. Wie also kann es gelingen, trotz der Vorgeschichte und der Umstände zu einem Vertrauensverhältnis zu kommen, um einen guten Deal – hier die Freilassung der Geiseln gegen Lösegeld – zu erreichen? Das Zauberwort lautet *Respekt*. Damit rechnen die Entführer nicht. Sie wissen, was sie getan haben. Untereinander zollen sie sich in der Regel auch keinen Respekt. Aber wir behandeln sie respektvoll, weil wir uns von unseren Dogmen frei gemacht haben. Und dann geschieht oft etwas Erstaunliches: Auch ein Krimineller kann ein relativ seriöser Verhandlungspartner sein, wenn wir ihm das Gefühl geben, dass wir ihn so sehen. Dazu fokussiert sich der Sprecher auf die guten Eigenschaften, die sein Gegenüber haben könnte. Auch wenn sie darin bestehen, dass er nur mit einer zweistündigen Verspätung angerufen hat – es hätten ja auch drei oder vier sein können. Egal, was es ist, diese positive Haltung muss durchklingen. Im Laufe der Zeit kommen vielleicht weitere Details hinzu, die mit viel gutem Willen positiv gedeutet werden können. Wenn einem gar nichts einfällt, kann man sich immer noch vergegenwärtigen, dass die Geiseln am Leben sind. Und das ist auf jeden Fall positiv.

Das Nennen des Vornamens und das Englische *You* helfen, die gefühlte Distanz zu verkürzen. Fragefloskeln wie *How are you?* sorgen für ein gutes Gesprächsklima. Oder der Verweis darauf, dass man sich nicht nur im selben Boot, sondern auch auf einer Ebene befindet: Du bist doch auch ein Geschäftsmann, der einen Deal abschließen will.

Auch wenn sie kurz sind, so helfen diese Wordings, die Distanz zu überbrücken, ohne kumpelhaft zu werden. Und manchmal können wir dadurch sogar wichtige Informationen generieren. *How is the weather today?* mag eine Floskel sein, kann uns aber auch in der Lagebeurteilung zur Situation der Geiseln helfen, wenn wir die Antwort hören: It it so fucking hot. Die uns gleichzeitig etwas über den Sprechenden verrät.

Auch wenn wir die Tat der Entführer zutiefst ablehnten, so hatten wir nur eine Chance, erfolgreich mit ihnen zu verhandeln: Wir mussten eine emotionale Verbindung zu ihnen herstellen. Das war der einzige Weg, mit dem wir unser Ziel der Geiselbefreiung erreichen konnten. Wir brauchten eine Beziehung zu den Entführern. Und das gilt für alle Konflikte und Krisen. Ohne Verbindung aufzunehmen, kann nichts verändert werden – außer, man entscheidet sich für eine finale Lösung.

Eine Verbindung müssen wir auch zu einem Nachbarn aufnehmen, den wir nicht ausstehen können. Aber wir haben das Ziel, die Zeit im Garten zu genießen, anstatt ständig nach drüben zu spähen und uns stündlich anzuschreien. Eine Beziehung sollten wir ebenfalls zu einem ungeliebten Kollegen aufbauen, den wir am liebsten auf den Mond schießen würden. Was aber leider nicht möglich ist, er hat sich am Schreibtisch gegenüber verbarrikadiert.

Ein Konflikt lässt sich nur lösen, wenn wir uns ein Stück weit für den Menschen öffnen, mit dem wir im Clinch liegen. Lehnen wir ihn rundherum ab, ist die Lösung einer verfahrenen Situation nicht möglich, da das Problem ja am Menschen klebt. Nun gut, man könnte den anderen eliminieren, was ja oft genug getan wird, dann wäre das Problem weg, aber wir hätten dafür jede Menge neuer Probleme. Wir müssen den Kontrahenten nicht heiraten, nicht mit ihm zusammenziehen oder in den Urlaub fahren. Aber wir sollten ihn respektieren und von dieser Warte aus eine Beziehung aufbauen. Ohne diesen ersten Schritt wird sich nichts zum Besseren verändern.

Wenn sich sehr viel aufgestaut hat, ist das ziemlich schwierig, da man alles andere als eine Verbindung, nämlich größtmöglichen Abstand, anstrebt. Aber die Beziehung muss nicht tief sein und lange währen – in unserem Fall so lange, wie es dauern würde, die Geiseln zu befreien. Und wer mit dem lästigen Nachbarn mal ein paar Worte gewechselt hat, stellt womöglich fest, dass er gar nicht sooo schlimm, sondern einfach nur schlimm ist. Oder er findet eine Gemeinsamkeit, und dann wird alles leichter. Die allerkleinste Gemeinsamkeit: Wir alle sind Menschen. Das genügt, um eine Behelfsbrücke zu schlagen. Wir alle sind Menschen, und im Großen und Ganzen wollen wir das Gleiche: Gesundheit und Glück, Sicherheit für uns selbst und unsere Lieben. Das ist keinem zu verdenken, auch wenn man natürlich die Mittel, wie das gelingen soll, ablehnen kann.

Der Vertrauensaufbau bereitet den Boden für das Erreichen unseres strategischen Ziels. Aber wie können wir das schaffen? Indem wir herausfinden, was unserem Gegenüber wichtig ist. Der Nachbar am Gartenzaun möchte, dass wir einen Baum zurückschneiden. Was er noch nie gesagt hat, aber seit Jahren ärgert er sich, weil das Gewächs zu viel Schatten wirft. Die Kollegin kann bloß unser Parfüm nicht ausstehen. Ein anderer grüßt nie. Arroganter Schnösel, haben wir gemutmaßt, bis wir erfuhren, dass er extrem kurzsichtig ist. So einfach ist das in einem Entführungsfall natürlich nicht, wo man sich in relativ kurzen und oft ruppigen Telefonaten begegnet. Doch ein aufmerksamer Zuhörer kann auch hier herausfinden, was der Entführer braucht, um sich gut zu fühlen. Wie reagiert er auf verschiedene Angebote? Klingt er sehr unter Druck oder sagt er, dass sein Boss ihm Stress macht, kann man ihn mal loben: *You are a very good speaker. We accept your point, but … you are a businessman, like we are … we have one common goal: to solve this situation.*

Der Sprecher kann ihn stets mit seinem Namen ansprechen, um ihm zu zeigen, dass er gesehen wird und persönlich gemeint ist. Es tut jedem Menschen gut, seinen Namen wertschätzend zu hören.

Der Sprecher legt stets Wertschätzung in seinen Tonfall.

Der Sprecher verzichtet auf Beschimpfungen und Flüche.

Der Sprecher zeigt sich als verlässlicher Partner, der seine Zusagen einhält.

Solche Kleinigkeiten vermitteln Sicherheit, und daraus resultiert Vertrauen. Gewiss, es ist nicht einfach, das im Kontakt mit Kriminellen durchzuziehen, aber auch im normalen Leben fällt es zuweilen schwer. Führungskräfte lernen das in Kommunikationstrainings. Für sie ist diese Fähigkeit besonders wichtig. Wie auch für Eltern. Wie gehen wir damit um, wenn der Dreijährige seinen Teller an die Wand wirft? Wie setzen wir Grenzen und bleiben gleichzeitig in Beziehung? Es geht immer darum, die Motive für das Verhalten herauszufinden. Verstehen wir ein Motiv, fällt es uns leichter, anderen mit Respekt zu begegnen.

Wenn es uns gelingt, im Kontakt mit anderen unsere instinktiven emotionalen Reaktionen zu erkennen, die sich ständig wiederholen, können wir gegensteuern und frei von inneren Zwängen freie Entscheidungen treffen.

Gewiss, jede kriminelle Tat ist ein Bruch, doch um unser strategisches Ziel zu erreichen, sollten wir sie während der Verhandlung schlichtweg als Unterbrechung eines Bindungsprozesses betrachten, nicht als endgültig. Kriminelle, die aggressiv handeln, befinden sich in einem bindungslosen, unbeteiligten Zustand. Doch Bindung beendet diese Egalität. Insofern ist die Fähigkeit, sie herzustellen und bei Bedarf zu erneuern, eine Schlüsselkompetenz, über die ein Sprecher und jede Führungspersönlichkeit verfügen muss. Wenn er das gut macht, wird sich auch das Verhalten des Gesprächspartners verändern, der nun seinerseits respektvoller handeln wird.

Der Vertrauensaufbau ist ein fundamentales Zwischenziel und gleichzeitig die Verpackung, in die wir unsere Verhandlung einwickeln. Dazu gehört es auch, mit Beleidigungen umzugehen und trotzdem auf Linie, im Skript zu bleiben und respektvoll im Ton – außer, ein Zwischenziel erfordert eine vorübergehende Kursänderung. Als taktische Maßnahme kann man Vertrauen nämlich auch entziehen, jedoch nur kurz und oberflächlich. Was meistens zu einer Verstärkung der Bindung durch das Gegenüber führt. Im Grunde genommen ist Verhandeln einfach nur Pokern. Doch diesmal ging es nicht um Geld, sondern um Leben.

Schwierig wird es, wenn ein Gegenüber keine sichere Basis hat, wenn es nichts in seinem Leben gibt, das ihn motiviert, wenn er nichts zu verlieren hat außer seinem eigenen Leben. Das sind die wirklich harten Nüsse. Denn wie soll man zu so einem Menschen eine positive Beziehung aufbauen, wie soll man ihn locken, indem man davon spricht, dass er vielleicht bald zu seiner Familie zurückkehren kann? Er hat ja keine. Vielleicht ist er ein Kindersoldat, vielleicht hat er zusehen müssen, wie seine Eltern ermordet wurden, vielleicht wird er täglich von seinem Boss vergewaltigt. Hinzu kommt, dass die Entführer genauso isoliert leben wie ihre Geiseln, irgendwo in ihrem Dschungelversteck unter alles andere als komfortablen Bedingungen.

Um sich die Situation der Gegenseitige vorzustellen, muss man seine eigene Position ein Stück weit verlassen. Das fällt vielen Menschen schwer. Ein guter Verhandler beherrscht das, sonst gelingt es ihm nicht, Verbindung aufzunehmen. Mackenroth traute ich das zu. Und auch die Autorität, um die für uns erste wichtige Vertrauensfrage zu stellen.

»Wir verhandeln nur, nachdem wir einen *Proof of Life* haben«, trichterte ich ihm ein. »Ohne zu wissen, dass die Geiseln am Leben sind, gibt es keine Verhandlung. Außerdem muss die Anfangsforderung realitätsnah sein.«

»Inwiefern?«, fragte er mich.

»Nun, 400 Millionen Dollar ohne *Proof of Life,* das wäre überhaupt keine Basis. In so einem Fall würden wir fragen, ob wir überhaupt mit dem richtigen Sprecher verbunden sind.«

»Ach, gibt es auch einen falschen?«, staunte Mackenroth.

»Ja. Deshalb müssen wir als Erstes herausfinden, ob wir mit den richtigen Leuten sprechen.«

Ich erinnerte Thomas Mackenroth mehrmals eindringlich daran, dass er als Sprecher nicht frei kommunizieren dürfe. Er war lediglich ein Werkzeug des Krisenstabs und sollte keine Eigeninitiative ergreifen. Ferner musste er in seinem Wording einige Besonderheiten berücksichtigen. So sollte er niemals *okay* sagen, weil das als Einverständnis gewertet werden könnte. Außerdem sollte er nicht seinen richtigen Namen nennen. Wir einigten uns auf Peter, weil Peter auch im Englischen gebräuchlich ist. Die Herausforderung lag darin, in dieser unguten Situation ein gutes Gesprächsklima aufzubauen.

## Das Wording

Ich möchte hier kein Vokabelheft verfassen – jede Entführung ist anders, und ich möchte auch kein Handbuch für Entführer schreiben. Am Ende geht es immer um Fragen wie:

*How is the crew? What is your demand? Is the crew okay? Can I speak to the captain?* Letzteres würde als *Proof of Life* gelten. Allerdings ist der Begriff zu vermeiden, da die Entführer sonst folgern könnten, dass der nette Sprecher eine Marionette professioneller Berater ist, und das wollen wir vermeiden. Wir möchten den Anschein eines lockeren Gesprächs auf Augenhöhe erwecken. Deshalb wird zuerst immer ein wenig Small Talk absolviert – ideales Thema: das Wetter –, bevor Summen ins Spiel gebracht werden, die ja der Grund der Entführer für die Telefonate sind.

Um erfolgreich zu verhandeln, musste Mackenroth also einen Dialog mit dem Sprecher führen, eingebettet in eine mentale Entdeckerhaltung, also auch eine gewisse Neugier, wer hinter dem Gesprächspartner steckt. Wenn man den anderen vorverurteilt und nicht den Menschen sieht, sondern die Funktion »Krimineller«, wenn man lediglich die eigenen Punkte durchdrücken will, dann führt man einen Monolog und baut kein Vertrauen auf. Viele Verhandlungstaktiken, die man im Geschäftsleben und auch im Alltag anwendet, greifen hier nicht. Man tauscht keine Argumente aus, führt keine Debatte, verhandelt keine Dogmen oder diskutiert. Das alles führt in eine Sackgasse. Der Sprecher steht unter hohem Druck. Vielleicht wird ihm während des Gesprächs eine Waffe an die Schläfe gehalten. Oder er hat gehört, dass er erschossen werden soll, falls er dem Boss keine guten Nachrichten übermittelt. In dieser schwierigen Ausgangslage ist es fast unmöglich, Kontakt aufzubauen. Und doch muss es gelingen. Denn das Vertrauen ist die Basis für alles, was folgt. Entführungsgespräche sind keine gepflegten Unterhaltungen, in denen man als sozialen Klebstoff Wörter zuhauf verschleißt. Es wird sehr knapp formuliert. Man hat nur wenige Gelegenheiten für den Bindungsaufbau.

*Wie geht es dir?* Das ist die minimalste Umschreibung für: Ich interessiere mich für dich.

Nun mag man einwenden, das sei eine übertriebene Interpretation. Doch im Umfeld des Sprechers wird ihn womöglich niemand fragen, wie es ihm geht. Das spielt nämlich keine Rolle. Befindlichkeiten existieren nicht, er hat zu funktionieren, Befehle zu befolgen und basta. So könnte der Sprecher bei dieser Frage aufhorchen. Er könnte, wenn auch unbewusst, erkennen, dass er als Mensch wahrgenommen wird. Das wiederum weckt sein Interesse für den Feind am anderen Ende der Leitung, der ja auch ein Mensch ist. Vielleicht fragt er zurück: *Wie geht es dir?* Zarte Bande wachsen über viele Telefonate hinweg. Im Idealfall entdeckt der Sprecher eine Gemeinsamkeit: Der andere ist ebenfalls daran interessiert, diese Geschichte so gut und so schnell wie möglich über die Bühne zu bringen. Beide sind keine Entscheider, sondern Sprachrohre. Da wir es aus anderen Verhandlungen gewöhnt sind, Argumente zu präsentieren, die Gegenseite überzeugen zu wollen, Punkte zu sammeln und so weiter, kann es schwerfallen, sich auf diese Gesprächshaltung einzulassen, und das alles unter extremem Zeitdruck. Die Telefonate dauern oft nur zwei, drei Minuten. Aber auch in dieser kurzen Zeit ist es möglich, Kontakt zu knüpfen und eventuell sogar wertvolle Informationen über die Gruppe der Entführer zu erhalten. Je wohler sich der Sprecher fühlt, desto freier wird er reden … und uns

Einblicke in die Lage gewähren. Denn die Art und Weise, wie wir uns äußern, verrät, was sich vor unserem inneren Auge abspielt. Zusätzliche Informationen könnten über Körperhaltung und Gesichtsausdruck gewonnen werden. Diese fallen aus, wir sehen den Menschen am anderen Ende der Leitung ja nicht. Doch der Tonfall verrät auch sehr viel. Im Gegensatz zu Gesichtsausdruck und Körperhaltung ist er kaum zu tarnen. Und wenn wir ganz Ohr sind, hören wir so manche Botschaft heraus.

Idealerweise fallen wir nicht mit der Tür ins Haus und vermeiden es, über Geld zu sprechen. Wir wollen zuerst wissen, ob alle Geiseln gesund sind. Im Anschluss fragen wir nicht nach dem *demand,* der Forderung, sondern formulieren persönlicher: *What do you want?* Solange die Forderung nicht dem entspricht, was in diesem speziellen Markt zu dieser Zeit gang und gäbe ist, werden wir nicht verhandeln. Deshalb ist es so wichtig, die Marktpreise zu kennen. Natürlich wissen alle, dass es um Geld geht. Und der Sprecher weiß vermutlich auch, dass er zwei Stunden nach dem vereinbarten Termin angerufen hat. Was wir ihm nicht aufs Brot schmieren werden. Wir brauchen einen Dialog. Der entsteht nicht, wenn wir Vorwürfe äußern, schon gar nicht zu Beginn des Gesprächs.

Lieber mit einem Appell an Gemeinsamkeiten für ein gutes Gesprächsklima sorgen und keine Angst vor Wiederholungen! *We are both interested in solving this situation. I really want to avoid difficulties. Let's speak like honest men. We are both professionals, so we should act professional. Am I right?*

Das Gegenüber zur Zustimmung veranlassen – das ebnet den Weg. Wann immer er »Ja« sagt, öffnet er sich … zum Schluss für das ganz große Ja zu der Summe, die wir bezahlen möchten.

### Ihr Krisennavigator: Teamarbeit, Vertrauen und Optionen erarbeiten

In einer persönlichen Krisensituation machen wir alle, mich eingeschlossen, gerne den Fehler, alles mit uns selbst auszumachen. Selten führt das zu Erfolgen. Suchen Sie nach Vertrauten! Binden Sie Spezialisten ein und gehen Sie gemeinsam den Fall durch. So ergeben sich Lösungsoptionen, an die Sie bislang gar nicht dachten. Wägen Sie gründlich ab und klopfen Sie dann die zwei, drei wirklich gangbaren Lösungen auf ihre Stärken und Schwächen ab. Am Ende wird eine Option stehen bleiben. Die gilt es umzusetzen. Theorie ist gut, Gedanken machen auch, aber die Umsetzung ist die Königsdisziplin.

# Das Skript

Aufgrund des Lagebildes und meiner Einschätzung von Thomas Mackenroth erstellte ich ein erstes Skript, das ich im Anschluss detailliert mit ihm besprach. Auch wenn im Vorfeld natürlich nicht klar ist, wie genau ein Gespräch verläuft, verfasst man das Skript so, als wäre die Verhandlung schon über die Bühne gegangen, ähnlich einer Transkription. Und wenn man einige Entführungen begleitet hat, stellt man fest, dass sich die Dialoge ähneln.

- Hi John (Pirat), this is Peter. Can you understand me?
- Yes, I hear you loud and clear.
- This is good. How are you?
- I am fine. Thank you.
- How is the crew?
- The crew is fine, all are fine. Listen, we want four hundred million.
- I understand your point. Can I talk to the captain?
- The captain is not here.
- Can I talk to anyone from the crew?
- No. Listen, we want four hundred million.
- I understand. But I have to make sure that the crew is fine and alive.
- I tell you the crew is fine. You don't believe me? You don't trust me?
- I believe you, but as long as we don't know that the crew is fine, we can't talk about money. Would you buy something that you have not checked before?

- Okay, tomorrow you can talk to the captain.
- Fine, so let's talk tomorrow at two o'clock.
- Okay, that's fine. We call you. Bye.

## Die Kontaktaufnahme

*Bremen, kleines Konferenzzimmer, 14 Uhr*
*Anwesend: Mackenroth, Hollfelder, Schneider*

14:01 Uhr

Mackenroth behielt die Uhr im Blick.

14:04 Uhr

Nichts rührte sich.

Hollfelder las Zeitung. Ich schaute aus dem Fenster, Mackenroth starrte das Telefon an.

14:06 Uhr

»Warum melden die sich nicht?«, fragte Mackenroth.

»Weil es Entführer sind«, erklang Hollfelders Stimme hinter der Zeitung, dann ließ er sie sinken. »Das ist normal, Herr Mackenroth. Das kann dauern.«

»Das ist doch kein Geschäftsgebaren!«

»Ja, so kann man das nennen«, sagte Hollfelder lapidar, und die Zeitung fuhr wie eine Scheibe wieder nach oben vor sein Gesicht.

»Aber in Nigeria haben sie die gleiche Uhrzeit wie hier«, dachte Mackenroth laut.

»Ja, in Nigeria ist es jetzt auch … ich schaute auf die Uhr … 14:08.«

»Die haben da unten wahrscheinlich ein anderes Zeitverständnis«, sagte Mackenroth.

»Nicht nur das«, bestätigte Hollfelder hinter der Zeitung.

»Ich hasse unpünktliche Menschen«, teilte Mackenroth uns mit.

»Ich auch«, pflichtete ich ihm bei. »Aber das müssen wir jetzt hinnehmen. Vielleicht melden sie sich heute gar nicht, sondern erst morgen.«

»Aber die wollen doch was von uns!«

»Gewiss, Herr Mackenroth. Aber wir wissen nicht, was bei denen gerade los ist. Vielleicht haben sie Probleme.«

»Funkloch?«, fragte er mich.

»Nun, das weniger, das werden sie überprüft haben. Aber es könnte ein Problem in ihrem Versteck aufgetaucht sein. Vielleicht wurde es von der Polizei oder einer anderen Bande entdeckt, und sie mussten fliehen. Oder es gibt Logistikprobleme. Oder sie haben ihren Erfolg gefeiert und schlafen jetzt ihren Vollrausch aus.«

»Na, prost Mahlzeit«, rutschte es Mackenroth raus. »Und trotzdem soll ich sie wie ehrbare Geschäftsleute behandeln.«

»›Ehrbar‹ können Sie meinetwegen streichen«, grinste ich.

Mackenroth seufzte, dann schwieg er. Manche Sprecher halten Stille in so einer Situation nicht aus und müssen sehr viel reden, um Druck abzubauen. Nach etwa 20 Minuten beschäftigte Mackenroth sich mit einem Sudoku.

Um 14:43 Uhr klingelte das Telefon. Hollfelder riss die Zeitung von seinem Gesicht, starrte mich an, Mackenroth starrte das Telefon an, dann mich. Ich sagte noch: »Ruhe bewahren und durch die Hose atmen.« Ein leichtes Grinsen, bevor es tödlicher Ernst wurde.

Ich schaute ihm fest in die Augen und nickte. Er nahm das Gespräch an: »Yes.«

»Hello?«

»Hello.«

»This is John. I want talk to company.«

»Hi John. This is Peter. I am talking on behalf of the company.«

»What do you mean ›on behalf‹? I want talk to boss.«

Mackenroth starrte auf das Skript vor sich und sagte bedächtig: »I understand. But the boss asked me to talk to you. I have full control of our conversation. So I will tell the boss what we are talking.«

»Okay. Understand. Listen. We have seafarer. We want four hundred million. Now. Otherwise we kill them.«

Auf Mackenroths Stirn bildeten sich Schweißperlen. Das Wort *kill* brachte ihn aus der Fassung. Ich vermutete, dass er vor seinem geistigen Auge sah, was das bedeutete. Ich gestikulierte heftig und wies auf einen Punkt im Skript. Mackenroth nickte.

»Hello?«, fragte John.

»I understand what you are saying. But before we talk about money, I have to know that all our seafarers are okay.«

»They are okay. Believe me.«

»I believe you. But I have to stay with my point. I have to talk to the master.«

Mackenroth war wieder auf der Brücke. Ich reckte einen Daumen nach oben.

»Yes. But we want four hundred million«, wiederholte John.

»Now we are not talking about money. Let's talk about the seafarers and if they are okay.«

»They are okay.«

»I understand. But without talking to the master I can not talk about money.«

»But now the Master is not here!«, schrie John ins Telefon. Er war hörbar gestresst.

Ich machte beschwichtigende Gesten.

»I understand«, sagte Mackenroth ruhig und fuhr freundlich fort: »When can I talk to the master?«

John schwieg. Er dachte vielleicht nach. Er beruhigte sich. »Tomorrow.«

»Fine«, erwiderte Mackenroth, einen Fuß in der Tür, und versuchte, sie weiter zu öffnen: »Can I talk to everyone of the team?«

»No. Only Master.« Die Antwort kam sofort. Hier war im Moment kein Spielraum. Ich nickte.

»Tomorrow two o'clock talking to the master?«, wiederholte Mackenroth den Beschluss, genau so, wie wir es geprobt hatten.

»Yes, tomorrow talk master.«

Mackenroths Gesicht glühte feuerrot. Er sah nach sehr hohem Blutdruck aus.

»Das ist aber mal ein Fletangel«, stieß er hervor. »Hätte nicht geglaubt, dass das so anstrengend ist.«

»Fletangel?«, wiederholte ich. War das ein Anglerausdruck?

»Flegel!«, übersetzte Mackenroth entrüstet. Dann lachten wir alle drei die Anspannung weg.

Hollfelder lobte: »Das haben Sie prima gemacht, Herr Mackenroth.« Er hob den Daumen und verließ den Raum.

»Und wir gehen das Gespräch noch einmal durch?«, fragte Mackenroth mich.

Ich nickte.

»Ich muss mich nur kurz frisch machen«, sagte Mackenroth. Als er nach fünf Minuten wiederkam, perlten noch ein paar Tropfen an seinem Hals. Er hatte sich wahrscheinlich kaltes Wasser ins Gesicht geschüttet und wirkte euphorisch. Ich bremste ihn ein wenig. »Wir wissen nicht, ob unser John tatsächlich Kontakt zu den Geiseln hat.«

»Wie?« Mackenroth schaute mich entgeistert an.

»Ohne *Proof of Life* wissen wir gar nichts. Es könnte sein, dass in einer Stunde ein Bill anruft und behauptet, er habe die Geiseln in seiner Gewalt.«

»Um Gottes willen«, stöhnte Mackenroth.

»Sie haben das wirklich gut gemacht, Herr Mackenroth.«

»Ich habe mein Bestes gegeben.«

»Ich würde vorschlagen, wir bereiten uns auf das nächste Gespräch vor, während wir dieses protokollieren lassen. Und dann berichte ich dem Krisenstab.«

»Das geht ganz schön an die Nerven«, sagte Mackenroth.
»Ja, eine Krise kostet Nerven«, stimmte ich zu. »Und Geld.«

### Ihr Krisennavigator: Übersicht, Haltung und Ruhe – das Krisentriumvirat

Jeder von uns trifft Entscheidungen im Affekt. Vor allem, wenn wir genervt sind, eine stressige Situation aufgelöst haben wollen oder einfach nur weg möchten. Trotz meines jahrzehntelangen Trainings ertappe ich mich selbst auch noch dabei. Ich muss mich immer wieder zügeln und meinen Kopf einschalten, bevor ich etwas sage und Handlungen einleite. Für einen Zwilling, der sein Herz auf der Zunge trägt, ist das gar nicht so leicht. Doch auch das kann man üben. Bei der Bundeswehr gibt es dazu einen sehr guten Spruch, den ich heute noch einsetze: denken, drücken, sprechen. Denke erst nach, drück dann die Sprechtaste des Funkgeräts und sprich dann klar und verständlich. Ruhe bewahren ist die erste Bürgerpflicht, auch das hilft als Merksatz in Krisensituationen. Überstürze nichts, gehe vor dem inneren Auge die Situation durch und versuch, dich zurückzunehmen.

# Die Verhandlung

Jede Krise kostet Nerven, Gesundheit, Zeit und natürlich Geld. All das ist in der Regel nicht unbegrenzt verfügbar. Deshalb braucht man so schnell wie möglich eine realistische Zahl – und keine Fantasiesumme wie 400 Millionen. By the way: 400 Millionen was? Dollar, Euro, Naira, die nigerianische Währung? 400 Millionen Naira würden rund einer Million Euro entsprechen, und das wäre immer noch viel zu viel.

»400 Millionen?«, wiederholte Olsen. Er lachte laut auf. Es klang verzweifelt. Er sagte es noch einmal und schaute in die Runde. »400 Millionen!« Dann wandte er sich an mich. »So viel haben wir nicht. Das ist …«

» … jenseits unserer Möglichkeiten«, übernahm Jansen.

»Eine Frechheit!«, rief Krüger.

»Die pokern doch bloß«, überraschte Frau Sommer mich. Und sie hatte recht.

Ich erklärte den Mitgliedern des Krisenstabs die Lage: »400 Millionen, vermutlich Dollar, sind eine unrealistische Forderung, und das wissen die Entführer auch. Sie werfen einfach mal eine Zahl in den Ring.«

»Aber wie gehen wir damit um?«, fragte Olsen. »Sie wissen, Herr Schneider, dass ich unsere Leute auf jeden Fall freikaufen möchte. Aber diesen Preis können wir nicht zahlen. Ich mache mir große Sorgen um ihr Leben.«

»Die Entführer wollen Geld für ihre Ware Mensch. Sie sind nicht daran interessiert, sie zu töten. Sie wollen einen Tausch. Nun stehen wir in Kontakt mit ihnen, die Verhandlungen können beginnen.«

»Es ist also wie bei jeder anderen Verhandlung?«

»Ja.«

»Dann fahre ich wieder in sicherem Gewässer.« Olsen versuchte ein Lächeln. Er sah aus, als hätte er in dieser Nacht kein Auge zugetan, so wie die anderen. Allein Hollfelder wirkte frisch und munter. Er hatte während meiner Ausführungen genickt wie ein Wackeldackel und ergriff nun das Wort

»Es gibt immer einen aktuellen Marktpreis. 400 Millionen ist lächerlich. Ich habe mir gestern Abend mal die *Going Rate* angeschaut.«

Das hatte ich ebenfalls längst getan.

»Die *was?«,* fragte Frau von Sternberg.

»Die Summe, die im Moment in Nigeria an Lösegeld bezahlt wird.«

»Für so was gibt es einen Marktpreis?«, rief sie empört.

Der Justiziar schlug mit der flachen Hand auf den Tisch. »Wir zahlen 100 000 und keinen Cent mehr!«

»Das wird leider zu wenig sein«, meinte Hollfelder.

»Ich habe mal etwas vorbereitet«, sagte ich und schaltete den Beamer ein.

Ich hatte eine Tabelle mit diversen Beispielen erstellt, wie eine anfangs hohe Lösegeldsumme im Laufe von mehreren Wochen schrumpfte.

Im Erstkontakt hatten die Entführer 400 Millionen Dollar gefordert, das Unternehmen, hatte 823 000 Dollar geboten. Daraufhin hatten die Entführer auf 30 Millionen Dollar abgespeckt, was mit einem Angebot unsererseits über 943 000 Dollar quittiert wurde. Am Ende war man in verschiedenen Schritten bei einem Preis angelangt, der der *Going Rate* entsprach. Aus Gründen der Verschwiegenheit werde ich in diesem Buch keine realen Zahlen nennen und auch keine detaillierte Finanzstrategie offenlegen, da ich keine Anleitung zur Piraterie geben möchte.

Die Fantasiesumme von 400 Millionen schockierte mich nicht. Und es gelang mir anhand meiner Beispiele und Erläuterungen, den Krisenstab zu beruhigen. Man darf jedoch nie aus den Augen verlieren, dass die Entführer nicht wie seriöse Geschäftsleute reagieren. Sie können die Summe, wann immer es ihnen beliebt, erhöhen oder verringern. Seitens des Unternehmens oder der Versicherung ist es vorteilhaft, runde Summen zu vermeiden. So wirken die Angebote realistischer.

»Ich würde gern abkürzen«, teilte der Reeder mir mit, »und sofort die Going Rate bezahlen.«

»Davon rate ich ab«, sagte ich.

»Aber warum? So verlieren wir doch nur Zeit.«

»Nein, wir verlieren keine Zeit, sondern wir gewinnen Zeit. Das können wir uns leisten, da keiner der entführten Seeleute auf ärztliche Hilfe angewiesen ist.«

»Ich würde das Prozedere aber gerne beschleunigen«, insistierte Olsen.

»Wenn Sie jetzt eine höhere Summe bezahlen«, erklärte ich ihm, »laufen Sie Gefahr, dass die Entführer nur eine Geisel freilassen. Die bekommen den Eindruck, da muss noch deutlich mehr zu holen sein, wenn das Geld so locker sitzt, dass Sie es ohne langwierige Verhandlung herausrücken.«

»Aber das ist unseriös!«, rief Jansen impulsiv, besann sich, murmelte wie zu sich selbst: »Selbstverständlich ist das unseriös. Das sind Kriminelle.«

Hollfelder unterstützte mich. »Sofort zu bezahlen ist unserer Erfahrung nach eine sehr risikoreiche Option. Das sollte man wirklich nur tun, wenn eine der Geiseln die normale Verhandlungsdauer voraussichtlich nicht überleben würde, weil sie Medikamente benötigt.«

»Also, was bieten wir ihnen dann an?«, fragte der Justiziar.

»Ich schlage vor, wir steigen mit 823 000 Dollar ein«, erwiderte ich. Die *Going Rate* lag bei zwei Millionen und der Reeder hatte mir drei Millionen als Limit genannt, das er relativ schnell flüssig machen konnte.

Genauso, wie man zu Beginn der Verhandlungen ein strategisches Ziel definieren muss, sollte man auch eine Lösegeldsumme festlegen, die man zu zahlen bereit ist. Dieser Summe nähert man sich dann in den nächsten Wochen oder manchmal Monaten an.

»Aber das zieht sich ja endlos! Und wie machen wir das mit Herrn Mackenroth? Der muss nun jeden Tag als Sprecher zur Verfügung stehen?«, fragte Olsen.

»Die Entführer werden sich nicht täglich melden«, prophezeite ich. »Herr Mackenroth wird das Handy allerdings trotzdem immer in Griffnähe haben, denn es kann durchaus passieren, dass die Geiselnehmer nach Lust und Laune anrufen, auch wenn wir feste Sprechzeiten vereinbaren. Ob sie sich daran halten, kann ich zum jetzigen Zeitpunkt noch nicht einschätzen. Im Laufe der Verhandlungen können wir natürlich jederzeit das Handy ausschalten. Doch zu Beginn rate ich davon ab. Das sind Maßnahmen, die später greifen können. Wir müssen uns auf lange Wartezeiten einstellen.«

»Was für eine Zeitverschwendung!«, warf Jansen ein.

»Nein, die Zeit brauchen wir«, korrigierte ich ihn. »Schließlich müssen wir die Geldübergabe vorbereiten.«

»Ach so, ja«, nickte Jansen.

»Was ist daran so schwierig?«, fragte Frau Sommer. »Wenn Herr Olsen das Geld bereitstellt?«

»Wir müssen es nach Nigeria schaffen«, erklärte ich. »Da Sie nicht versichert sind, haben Sie keinen Bürgen. Mit Vorlage einer Versicherungspolice könnten wir bei einer Bank belegen, dass das Geld in jedem Fall zurückfließt.«

»Aber wir haben das Geld doch!«, wiederholte Frau Sommer. »Das hat Herr Olsen doch eben gesagt!«

»Gewiss. Aber wie wollen wir es nach Nigeria transferieren? An wen wollen wir es überweisen? Soll der Entführer ein Konto eröffnen, dann in die Bank spazieren und mit einem Köfferchen das Geld abholen?«

Frau von Sternberg platzte laut heraus. Auch auf Krügers Gesicht zeichnete sich Heiterkeit ab.

»Nein, das ist kein guter Plan«, ruderte Frau Sommer zurück.

»Also wie?«, fragte Jansen gereizt. »Sie wissen doch bestimmt, wie es geht, also zeigen Sie uns, wie unerfahren wir sind.«

Olsen warf ihm einen genervten Blick zu. An mir tropfte Jansen mittlerweile ab.

»Die Geldeinfuhr ist wie bei uns auch reglementiert«, erläuterte ich.

»Das weiß ich«, fauchte er.

»Sie können lediglich 10 000 US-Dollar einführen«, fuhr ich fort. Also brauchen Sie einen Geschäftspartner vor Ort, dem Sie das Geld überweisen, der es wiederum abhebt, und dann muss es übergeben werden.«

»Wir haben aber keine Geschäftspartner in Nigeria«, warf Olsen ein.

»Genau deshalb brauchen wir Zeit, um das alles zu organisieren. Auch mit der nigerianischen Handelsbank muss Kontakt aufgenommen werden, weil sie vermutlich keine solche Menge an US-Dollar vorrätig hat. Der Dollar ist keine Landeswährung.«

»Ist das kompliziert!«, stöhnte Frau Sommer.

»Es ist alles machbar«, entgegnete ich. »Aber es dauert. Wir müssen eine Strategie entwickeln, auf welchem Weg wir das Geld nach Nigeria bringen. Und wir müssen damit rechnen, dass viele Banken unsere Anfrage ablehnen werden. Es gibt eine Menge offener Fragen. Wer hebt das Geld ab, wenn die Überweisung überhaupt klappt. Wo wird es dann vom Abholer aufbewahrt? Wer bereitet die Summe als Übergabegeld entsprechend vor?«

»Mit Farbe?«, fragte Olsen.

Ich verkniff mir ein Schmunzeln. »Nein, aber es muss wasserdicht verpackt werden, falls die Entführer einen Abwurf verlangen.

Vielleicht wollen sie es auch per Kleinboot ins Niger-Delta geliefert bekommen. Und last, but not least müssen wir ein Übergabeteam zusammenstellen und es vor Überfällen sichern. Denn wenn bekannt wird, dass zwei Millionen Dollar in den Dschungel verschifft werden, lockt das andere Banden an, die das Lösegeld gern abschöpfen würden, ohne sich vorher um die Geiseln gekümmert zu haben.

»Und wer ist für die Organisation der Übergabe zuständig?«, fragte Frau Sommer.

»Wahrscheinlich ich«, sagte Stefan Krüger.

Hollfelder warf mir einen schnellen Blick zu. »Ja. Aber wir unterstützen Sie natürlich.«

»Und was kann schiefgehen?«, fragte Frau von Sternberg.

»Sehr viel«, sagte ich aufrichtig. »Ich beschränke mich mal auf Ihren Bereich, die Presse. Es kann geschehen, dass die Medien Wind von der Entführung bekommen. Dass es die Titelgeschichte im *Spiegel* wird. Oder dass im Ausland darüber berichtet wird, und dann schwappt es nach Deutschland. Familienmitglieder können unruhig werden und sich an die Presse wenden.«

»Das ist mir klar. Deswegen stehen wir in engem Kontakt: Wir wollen jetzt alle betroffenen Familien an einem Ort zusammenführen.«

»Das Hotel habe ich gesehen. Da würd ich auch gern Urlaub machen«, meldete Krüger sich. »Alles vom Feinsten.«

»Können Sie ja dann, wenn alles vorbei ist«, warf ihm von Sternberg giftig zu.

»Wie lange dauert es dann noch, wenn wir den Deal haben, bis unsere Leute frei sind?«, fragte Frau Sommer.

»Rechnen Sie mit zwei weiteren Wochen«, sagte ich.

»Die Übergabe zu organisieren wird zusätzlich viel Geld kosten«, sagte Jansen nachdenklich. »Wahrscheinlich muss man da auch einiges an Schmiergeld locker machen.«

Hollfelder nickte.

»Ich habe heute Morgen ein langes Telefonat mit unseren Anwälten geführt«, berichtete Olsen. »Sie gehen davon aus, dass wir mindestens eine halbe Million Euro benötigen werden, um die Kosten rund um die Entführung zu decken.«

»In der Größenordnung hätte ich das auch veranschlagt«, sagte Hollfelder.

»Wenn wir die Lösegeldforderung auf zwei Millionen drücken können, sprechen wir also von rund drei Millionen, die uns das insgesamt kostet«, erläuterte Olsen.

»Sind da bereits die Gebühren für unsere Vertragsverletzungen und die Liegegebühren für die Tanker eingerechnet?«, fragte Krüger.

»Kümmern Sie sich mal lieber um die Sicherheitsfragen«, ließ Olsen seinen Chief Security Officer abblitzen.

»Ich höre hier immer nur Geld, Geld, Geld«, empörte sich die Personalchefin Frau Sommer. »Können wir vielleicht mal für eine Sekunde an unsere Leute denken?« Sie war sehr blass, die Situation ging ihr offensichtlich an die Nieren. Manche können sich besser abgrenzen, andere weniger.

»Der Mann gestern«, begann sie. »Der uns um Hilfe gebeten hat. Ich glaube, ich habe seine Stimme erkannt. Ich glaube, dass ich letzte Woche mit ihm telefoniert habe wegen Sonderurlaub. Er hat nicht bei der Staffing Agency angerufen, sondern direkt bei mir, weil ihm klar war, dass er in der Agentur ein Nein hören würde. Er ist zum ersten Mal Vater geworden. Das Kind liegt im Brutkasten, es war eine Frühgeburt.« Sie schluckte. »Er wollte es wenigstens einmal gesehen haben, wenn es nicht gut ausgehen sollte, und seine Frau liegt im Krankenhaus. Das alles geht mir sehr nah«, gestand sie mit belegter Stimme.

Auf einmal war es totenstill, wie immer, wenn ein Gruppenschicksal zu einem persönlichen wird und eine Geschichte ein Gesicht bekommt.

»Möchten Sie aus dem Krisenstab ausscheiden?«, fragte Olsen rücksichtsvoll.

»Nein, nein. Ich wollte nur erklären, warum ... Also ... Ich meine ... Vielleicht sagen Sie uns einmal, Herr Schneider, wie es den Geiseln in einer solchen Situation geht. Wie müssen wir uns das vorstellen? Ich habe keine Ahnung, wie es im Niger-Delta aussieht. Bekommen unsere Leute ausreichend zu essen? Werden sie geschlagen? Wie geht es ihnen?«

Alle schauten mich erwartungsvoll an. Nachdem ich betont hatte, dass trotz vieler Gemeinsamkeiten jeder Fall anders ist, schilderte ich ein übliches Szenario.

## Im Camp der Entführer

Erfahrungsgemäß sind die ersten Tage in Gefangenschaft die schlimmsten für die Opfer. Sie haben keine Ahnung, was nun passiert, werden womöglich ruppig behandelt auf dem Weg in das Versteck – weil die Entführer ihrerseits unter hohem Druck stehen. Diese Situation ist ein Angriff auf ihr Leben, auf ihre Selbstbestimmtheit – plötzlich gibt es keine Sicherheiten mehr, alles ist infrage gestellt, vielleicht stehen sie unter Schock. Und natürlich machen sie sich auch große Sorgen um ihre Angehörigen. Wie genau die Lage im Camp ist, wissen wir jedoch nicht, sie hängt auch davon ab, ob die Entführten voneinander isoliert werden, was extrem schlimm für sie ist, oder zusammen bleiben.

In der Regel bildet sich nach einigen Tagen im Camp eine Art Routine heraus, und dann geht es den Opfern auch besser. Sie bekommen hoffentlich regelmäßig zu essen, vielleicht können sie sich sogar in einem gewissen Areal bewegen. Vielleicht aber auch nicht. Als sehr belastend wird die dann unvermeidliche Langeweile empfunden. Den ganzen Tag irgendwo sitzen, nichts passiert, keine »Ablenkung«, keine Smartphones, keine Zeitungen, nichts. Je nach Veranlagung kann das in eine Depression münden. Hin und wieder gelingt es einem

Entführten jedoch, einen so guten Draht zu einem Bewacher zu entwickeln, dass ihm Zugang zu Radio und Fernsehen, falls vorhanden, gewährt wird. Ein einziger Fall ist mir bekannt, in dem ein Opfer sein Mobiltelefon behalten und seine Familie anrufen durfte, wann immer er wollte – das war allerdings bei einer Einzelentführung.

Die Geiseln sollten strikt aus den Verhandlungen herausgehalten werden. Denn wenn die Entführer mutmaßen, dass sie Einfluss auf die Erhöhung der Geldsumme haben, die sie erpressen wollen, wächst die Gefahr von Misshandlungen. Aus diesem Grund sollte sich der Krisenstab in Gestalt des Sprechers auch auf keine Diskussionen einlassen, die auf der Basis von angeblichen Aussagen der Opfer beruhen. Gewiss können die Entführten, die ja so schnell wie möglich befreit werden möchten, manchmal Eigeninitiative entwickeln und versuchen, die Entführer davon zu überzeugen, dass ihre Lösegeldforderungen utopisch sind. So hoffen sie, ihre Freilassung zu beschleunigen. Doch diese »Einmischung von innen« sollte nicht gefördert werden; sie könnte zu neuen Komplikationen führen.

## Die sichere Basis

»Um Gottes willen«, sagte Frau Sommer leise. »Ich meine, allein wenn ich mir vorstelle, dass sie mir mein iPhone wegnehmen. Und dann die ständige Angst …«

»Jetzt lassen Sie uns nicht den Teufel an die Wand malen«, beschwichtigte Hollfelder. »Wir sollten froh sein, dass Ihre Leute nicht in der Hand von Terroristen sind. Unserer Überzeugung nach sind diese Entführer ganz normale Kriminelle. Es hätte alles viel schlimmer kommen können.«

Ich unterstützte Hollfelders Versuch, Optimismus zu verbreiten, indem ich darlegte, dass wir in unserem Alltag oft gar nicht ahnen, wie viel Widerstandsfähigkeit in uns steckt, und dass wir darauf vertrauen sollten, dass die entführten Seefahrer ohne bleibende Schäden aus der Situation befreit werden würden. Nicht selten sagen Menschen nach einer erfolgreich gemeisterten Krise, sie seien von sich selbst überrascht gewesen. Sie hätten nicht gewusst, wie viel Widerstandskraft, Durchhaltevermögen und andere selten abgerufene Eigenschaften in ihnen steckten.

Ja, in einer Krise kann man sich noch einmal ein Stück neu kennenlernen. Es kann aber auch sein, dass eine Krise in ein Trauma führt. Denn wie wir eine Extremsituation behandeln, hängt maßgeblich von unserer Persönlichkeit ab, von unseren Erfahrungen in der Vergangenheit. Um schwierige Lagen zu meistern, um mit extremen Gefühlen wie Angst, ja auch Todesangst, umgehen zu können, benötigen wir eine sichere Basis. Sie wächst in der Regel in der Kindheit – man nennt das Urvertrauen. Menschen, die sich in ihrem frühen Leben sicher, wertgeschätzt und geliebt fühlen, bilden stärkere Wurzeln aus. Die bringt so leicht nichts ins Wanken, während andere leicht einknicken.

Es machte Frau Sommer zu schaffen, dass sie nicht wusste, wie die entführten Seefahrer auf ihre Lage reagierten. Sie kannte sie nicht persönlich, fühlte sich aber für sie verantwortlich, und da war sie nicht die Einzige im Krisenstab. Auch der Reeder Olsen trug schwer an dieser Sorge. Gerade gestandene Führungskräfte trauen sich ja meistens fast alles zu. An Ego mangelt es den wenigsten. Aber eine Krise ist eine andere Situation als das Tagesgeschäft, das gemanagt werden muss und kann. Man wird mit etwas konfrontiert, das man nicht kennt, nicht mag, es gibt keine Erfahrungswerte, auf die man zurückgreifen kann. Zudem werden bewährte Routinen aufgebrochen.

Genau aus diesem Grund, weil eine Krise so komplex ist, bilden staatliche Institutionen wie zum Beispiel Polizei, Feuerwehr oder eben das Militär sogenannte Einsatzstäbe. Oft sind diese drei Institutionen sogar vereint in einem Stab wie bei Hochwasser oder Waldbränden – Gefahr im Verzug, höchster Zeitdruck. Kompetenzen werden abgezogen und konzentriert. Jeder hat eine zugewiesene Rolle, eine Teilaufgabe, die im großen Ganzen zur Lösung des Gesamtproblems beiträgt. Und einer hat den Überblick, bildet die Metaebene ab – der Leiter des Krisenstabs. Er fragt die Führungskräfte der einzelnen Teams ab. Bei der Bundeswehr lautete die Frage: *Wie ist die Lage?* Unsere liebste Antwort lautete: beschissen, aber nicht hoffnungslos. Und so war es auch aktuell in Bremen. Was unseren Krisenstabsleiter betraf, war ich bislang zufrieden. Der Reeder Olsen zeigte sich führungsstark, dabei aber flexibel; er hatte Dogmen über Bord geworfen und konnte Rat annehmen, und er wusste genau, was er wollte, und blieb auf Kurs.

Innerlich braucht man eine sichere Basis. Menschen, die fest im Leben stehen, können leichter Kräfte mobilisieren. Das kann man aber auch lernen, wenn man nicht das Glück hatte, mit einem Speckgürtel an Urvertrauen groß geworden zu sein. Letztlich kommt es darauf an, sich eine Art inneres Hauptquartier zu schaffen. Das wird verstärkt durch sichere Basisstationen: andere Menschen, Haustiere, unsere Hobbys, Interessen, mit denen wir auf besondere Weise verbunden sind. Was uns Kraft gibt, ist ein Anker in unserem Leben. Und je stärker wir mit unseren Bezugspunkten verbunden sind, je stabiler unser Hauptquartier ist, desto besser können wir Krisen bewältigen. Ohne sichere Basis übernimmt die Amygdala das Kommando: Kämpfen oder fliehen. Sichere Basen schenken uns Wahlfreiheit.

### Ihr Krisennavigator

Kennen Sie Ihre sicheren Basen? Haben sie sich im Laufe der Jahre geändert? Von welchen haben Sie sich verabschiedet?

- Benennen Sie spontan Ihre aktuellen sicheren Basen.
- Wer und was war Ihnen in der Vergangenheit eine sichere Basis?

- Was haben Sie von diesen Menschen gelernt?
- Sind Sie selbst auch eine sichere Basis für jemanden?
- Wo sehen Sie Handlungsbedarf für Ihre zukünftige Krisenfestigkeit?

»Wissen Sie was, Herr Schneider«, sagte Frau Sommer im Fahrstuhl zu mir. »Das ist die schlimmste Woche meines Lebens. Das ist eine regelrechte *Hell Week*.«

Während ich nickte, dachte ich, dass die Frau in meiner Sicht auf die Dinge ein sehr beschauliches Leben führte. Meine persönliche *Hell Week* hat anders ausgesehen …

## Hell Week

Viele Leute denken bei Spezialkräften an die legendäre GSG 9 oder das SEK, das mittlerweile in fast jedem Krimi Türen sprengt und Treppen nach oben stürmt. Doch die Einsatzbereiche dieser Spezialkräfte unterscheiden sich. Das Kommando Spezialkräfte (KSK) ist vor allem für Einsätze im Ausland ausgebildet, wo wir in einem unsicheren Umfeld agieren. Während SEK und GSG 9 mit ihren Fahrzeugen häufig bis vor die Türen der Gesuchten fahren, bewegt sich das KSK in feindlichem Gelände. Wir sind auf uns selbst gestellt, bringen auch unsere komplette Ausrüstung an den Einsatzort und klären lange auf, ehe wir eine Mission starten. Die körperlichen und psychischen Belastungen sind häufig um ein Vielfaches höher – und auch die Leidensfähigkeit. Diese extremen Anforderungen reizten mich.

Vom KSK hörte ich zum ersten Mal bei einem Lehrgang der 101. Airborne Division in USA. Ein Kamerad, Fallschirmjäger-Offizier wie ich, berichtete mir nicht ohne Stolz, er habe das Einstellungsverfahren des KSK bestanden. Natürlich wollte ich da mehr wissen. Doch was er mir erzählte, konnte ich zum Teil kaum glauben. Ich war überzeugt, dass er gehörig ausschmückte, denn solche Härtetests schienen mir an den Haaren herbeigezogen.

Allein seine aufrichtige Beteuerung »Ich hätte es auch nicht geglaubt« und manchmal die Art, wie er erzählte, mit brüchiger Stimme, verunsicherten mich. Konnte das tatsächlich so extrem sein? Mein Kamerad bestätigte das mit Worten wie: »Es ist viel schlimmer, als man es sich vorstellen kann.« Den Einzelkämpferlehrgang, an dem er ebenfalls teilgenommen hatte und der viele andere an ihre Grenzen geführt hatte, nannte er einen Spaziergang gegen das Einstellungsverfahren des KSK.

Da begann ich natürlich, uns zu vergleichen. Gewiss, er war extrem fit, aber das war ich auch. Allerdings war er im Laufen deutlich besser als ich. Dafür sah ich mich im Bereich der Schnellkraft und Leidensfähigkeit vorne. Immer wieder dachte ich an dieses neue KSK. Endlich reagierten die Politik und die Bundeswehrführung auf die Herausforderungen der zunehmenden Auslandseinsätze. Es musste ein Ende haben, dass Belgier, Franzosen, Briten oder Amis ohne uns die Kartoffeln aus dem Feuer holten. Da wollte ich dabei sein! Hinter vorgehaltener Hand hieß es in Bundeswehrkreisen: Wir bauen ein deutsches SAS. Das war genau mein Ding! Da wollte ich hin, sofort, jetzt. Geduld war noch nie meine Stärke, und alles, was ich über die zukünftigen Aufgaben, die Bewaffnung und Ausbildung über das KSK hörte und las, zog mich geradezu magisch an.

Das Kommando Spezialkräfte (KSK) ist der Spezialkräfteverband des Deutschen Heeres und verfügt innerhalb der Bundeswehr über einzigartige Fähigkeiten. Im heutigen Einsatzspektrum deutscher Streitkräfte vom internationalen Krisenmanagement über die nationale Krisenvorsorge bis zur Landes- und Bündnisverteidigung gibt es besondere Aufgaben von strategischem Interesse, die oftmals durch herkömmliche Einheiten nicht erfüllt werden können. Diese sind Spezialaufklärung (Special Reconnaissance), offensive Operationen wie die Befreiung von deutschen Geiseln in Krisen- oder Kriegsgebieten sowie die Festsetzung von Kriegsverbrechern oder Terroristen (Direct Action) und die Ausbildungsunterstützung in Aufnahmestaaten (Military Assistance). Die Soldaten des KSK werden speziell für solche und ähnliche Einsätze ausgewählt und ausgebildet. Als Kern des Spezialkräfteverbundes der Bundeswehr ist das KSK somit ein wichtiges Instrument des nationalen Risiko- und Krisenmanagements (NatRKM).

Quelle: https://www.deutschesheer.de/portal/a/heer/start/dienstst/dsk/gliederung/kommandospezialkraefte/!ut/p/z1/hU5NC4IwGP4tHbzuHUpq3WaHIIw-DNJdYuqaxnQyl-vnZ3gKkp7b88kDFFKgLRtqwUytWiZHnIH_FoXxJXZXrhv7G4zJYRucSbT3wpML138BOtp4BgRDUnLIxo1gfiOABCjQBxvYC3VKG8kNYsXnIWQVaOvJj6ogk7ADKqTKp-ukzb1QANX8zjXX6KIHuTKm69cOdrC1FgmIhOSoUI2Df1Uq1RtIv5PQNanF3IIOMVm8Ab2-J6I!/dz/d5/L2dBISEvZ0FBIS9nQSEh/#Z7_B8LTL2922L6C00A0G7RABM38Q7

Ich wagte keine Prognose, ob ich die Tests bestehen würde. Denn schlimmer als in der Einzelkämpferausbildung konnte es doch nicht werden, oder? Da hatte ich meine Grenzen schon kennengelernt und gehörte dennoch zu den acht von 25, die in meinem Hörsaal seinerzeit durchkamen.

Wie war es um meine körperliche Fitness bestellt? Ich las mir die Anforderungen durch und überprüfte, was ich gewiss draufhatte. Bei der Bundeswehr war ich an der Offizierschule Spitzenreiter beim damaligen Soldatensportwettkampf gewesen. 296 Punkte von 300 möglichen. Sieger des Infanteriewettkampfs, Einzelkämpfer. Nicht nur als Soldat trieb ich viel Sport, auch privat bewegte ich mich gern und viel bei anspruchsvollen Ski- und Mountainbiketouren, ich joggte stundenlang und besuchte mehrmals wöchentlich ein Fitnessstudio. Aber genügte das für das KSK?

Ich wurde zu einem Eignungsfeststellungsverfahren nach Nagold eingeladen. Der Standort war damals schon in Auflösung, die KSK-Anwärter wurden dort einquartiert. Dann ging es los mit Sport: Klimmzüge. Die ersten Bewerber packten danach ihren Koffer und fuhren nach Hause, was bei mir Kopfschütteln auslöste: Wie konnte man nur so schlecht vorbereitet anreisen!

Das Aufnahmeverfahren zum KSK orientiert sich sehr stark an dem Aufnahmeverfahren des Special Air Service (SAS) der Engländer. Heute gleicht man sich international an und ist offen dafür, wie andere Nationen ihre Spezialkräfte auswählen. Manche Komponenten werden übernommen, andere selbst entwickelt, und fertig ist die *Hell Week,* wie Insider diesen Härtetest nennen.

Ich nahm am dritten Einstellungsverfahren in der Geschichte des KSK teil. Die teilnehmenden Kameraden waren erfahrene Fallschirmjäger, Fernspäher, Gebirgsjäger, Panzergrenadiere, die alle schon einige Jahre Bund auf dem Buckel hatten. In der ersten Woche wurde vor allem unsere körperliche Leistungsfähigkeit getestet. Nach den Klimmzügen folgten Liegestütz, Laufen, Märsche mit schwerem Gepäck. Psychologen beobachteten uns, und den einen oder anderen Test gab es auch von ihrer Seite. Frei nach dem Motto »Hund, Katze, Flugzeugträger, was passt nicht in dieses Bild?« … Ich passte ganz gut in das Bild, fühlte mich locker und den Herausforderungen gut gewachsen. Geländelauf, Hindernisbahn, ein paar Märsche mit Gepäck – ois *easy,* wie der Bayer sagt.

Schließlich zum Warmwerden einige Orientierungsmärsche. Dann begann die eigentliche *Hell Week* mit der berühmt-berüchtigten Durchschlageübung – inspiriert von dem Aufnahmeverfahren der Navy SEALs.

Noch guter Dinge marschierten wir los, wenn auch mit sehr viel

Gepäck – unsere Ausrüstung für die folgende Woche. Nach einigen Kilometern erreichten wir unsere wenig charmante Begleiterin: eine sperrige, große Kiste. Auf der Einladung stand: Mitführen.

Wir befüllten die Kiste mit den danebenliegenden Steinen. Ich fragte mich, wie wir das Ding jemals hochkriegen sollten. Wir bauten aus Ästen und Seilen eine Trage, dann traten die ersten vier vor und schleppten. Wir organisierten uns so, dass immer einer das Kommando übernahm.

Als ich das Teil zum ersten Mal auf meine Schulter lud, dachte ich, mir bricht die Wirbelsäule. Dass wir im weiteren Verlauf zusätzlich Kanister, Baumstämme, Schlauchboote, Kameraden und anderes »Zeugs« schleppen sollten, hätte ich in diesem Moment nicht für möglich gehalten.

An der Kiste wechselten wir uns ab. Jedem von uns war klar, dass sie ein Symbol war – zum Beispiel für einen schwer verletzten Kameraden, den wir durch unwegsames feindliches Gelände zu einer sicheren Basis bringen wollten. Außer der Kiste trug jeder noch sein normales Gepäck, an die 30 Kilo. Und so ging es durch den Schwarzwald, bergauf und bergab, Feldwege rauf und runter, über Stock und Stein, durch Bäche und Matsch, tagelang. Schlafentzug, Essensentzug. Die körperliche Belastung am Limit. Zur Abwechslung gibt es Sonderaufgaben wie beispielsweise einen Einzelmarsch in vorgegebener Zeit über vorgegebene Geländepunkte. Auch hübsch: das sogenannte Spiel ohne Grenzen. Mitten im Wald war eine Station errichtet, von der aus man Kanister und Baumstämme in vorgegebener, extrem knapper Zeit einen Berg hochtragen musste. Am besten im Laufschritt. Und dann schnell, schnell, die Kiste geschultert, damit sie nicht verblutet, und weiter. Während die Kiste nicht ins Koma fiel, erreichte ich beim Spiel ohne Grenzen einen Punkt, an dem ich glaubte, jetzt gleich tot umzufallen. Beim Bergaufrennen mit schwerem Kanister pumpte mein Herz so wild, dass es mich aus dem Laufrhythmus brachte. Ich schäumte. Nicht vor Wut, sondern durch das Auspressen der Luft in Verbindung mit dem restlichen Speichel bildete sich Schaum vor meinem Mund. Andere erbrachen sich oder fielen einfach um. Es gab sogar Kameraden, die bewusstlos wurden. Die Lunge brannte. Aber eben auch die Hände. Ich bin nicht wirklich gut im Bereich der Handkraft. Wenn man seine Hände aber ständig mit dem Tragen schwerer Lasten beansprucht, wird irgendwann sogar ein Stöckchen schwer, und man weiß nicht mehr, wie man überhaupt noch die Hand zur Faust ballen soll.

Mir wurde schwarz vor den Augen. Ich wusste, dass ich umfallen würde, wenn ich jetzt noch einen einzigen Kanister hochtragen müsste. Aber es war der letzte gewesen. Und auch wenn ich umgefallen wäre, aufgegeben hätte ich nicht.

Mein Körper war ein einziger brüllender Schmerz. Es gab keine Stelle, die nicht wehtat, aber was will man auch erwarten in einer *Hell Week?* Wenn uns mal eine Pause gegönnt wurde, und die waren selten, merkte ich, wie müde ich war, nein, erschöpft. Es war eine gewaltige Willensanstrengung, aufzustehen, die Kiste zu schultern und weiterzumarschieren.

Echte körperliche Erschöpfung heißt für mich: Man ist nicht mehr in der Lage, seinen Auftrag auszuführen. Der steht aber im Mittelpunkt des militärischen Handelns. Wie kann man also herausfinden, ob ein Bewerber Grenzen überschreiten kann? Indem man ihm Aufgaben präsentiert, die genau das erfordern. Also dann, wenn man eigentlich nicht mehr kann, dennoch weiterzumachen. Diesen Zustand kann man durch hybride Maßnahmen bei Menschen herausfinden: Schlafentzug, Essensentzug, massive körperliche Anstrengung und psychologischer Druck. Schnell zeigen sich Unterschiede. Der eine jammert bereits, wenn man ihm zehn Kilo auf den Rücken schnallt, ein anderer merkt das Gewicht gar nicht. Menschen sind verschieden. Ich werde nie vergessen, wie ein Teilnehmer am Eignungsfeststellungsverfahren (EFV) mir erzählte, dass sein Hobby 100-Kilometer-Läufe seien. Als Franke dachte ich: Allmächt! Ich bin von Übermenschen umzingelt, ich werde abkacken. Doch dieser Kamerad war nach der ersten Woche schon wieder zu Hause auf seinem Sofa. Ihm fehlte der Biss. Dieser etwas altertümliche Begriff beschreibt perfekt, worum es geht: sich festbeißen. Nicht loslassen, bevor man sein Ziel erreicht hat. Aus diesem Grund halte ich auch nichts von irgendwelchen Motivationsübungen. Entweder ich habe es in mir, sprich intrinsisch, oder eben nicht. Aus einem Ackergaul wird kein Rennpferd, auch nicht durch gutes Zureden oder Motivationsmöhren.

Zurück zum Thema Erschöpfung. Wenn dir jeder Knochen schmerzt, mehr als jemals zuvor in deinem Leben. Wenn das Teufelchen sagt: Gib auf!, das Engelchen aber dagegenhält: Mach weiter. Wenn du die Augen kaum mehr aufhalten kannst. Wenn du im Gehen einschläfst. Wenn du beim Marschieren vom Weg abkommst, weil du nicht mehr weißt, ob du gehst oder stehst, wenn du halluzinierst, wenn du beim Sprechen lallst wie nach acht Halben Bier, aber stocknüchtern bist. Wenn dir schwarz vor Augen wird. Wenn du am ganzen Körper Striemen und Abschürfungen hast, die du aber als dein geringstes Problem siehst, wenn du Muskelkrämpfe hast, wenn du kaum noch in der Lage bist, dein Gewehr zu halten, wenn du andere zwar sprechen hörst, aber nicht verstehst, dann bist du erschöpft. So wie ich damals.

Manche gaben auf. »Ich kann nicht mehr«, sagten sie. Auch ich dachte manchmal, dass ich nicht mehr könnte. Doch hinter dem Können liegt das Wollen. Das Motto des KSK: *Der Wille entscheidet!* Und ich wollte unbedingt. Ich kann nicht mehr, aber ich will, und deshalb kann ich doch noch. Weiter. Jeder Schritt eine Qual, alle Muskeln zittern. Kann man im Gehen mit einer Kiste auf der Schulter schlafen? Es ist dein verwundeter Kamerad. Weiter. Er würde dich auch tragen. Einer für alle. Alle für einen. Weiter.

Mitten im Wald stießen wir auf ein Zehn-Mann-Schlauchboot. So was kann man ja nicht einfach rumliegen lassen. Wir würden es bestimmt noch brauchen. Also nahmen wir es auch noch mit. Und dann gab es zur Abwechslung wieder mal einen Eilmarsch. Wir waren täglich 22 Stunden auf den Beinen und hatten maximal zwei Stunden

Pause, manchmal am Stück, manchmal geteilt. Unseren Proviant führten wir mit, oder wir mussten ihn uns verdienen. Dazu hatten wir in einer vorgegebenen Zeit sogenannte Verpflegungsverstecke zu finden. Wenn uns das nicht gelang, gab es halt nichts. Wenn wir nicht alle Verstecke fanden, teilten wir das wenige unter uns auf. Einer für alle, alle für einen. Satt wurde keiner. Aber oft war Schlafen auch wichtiger als Essen. Geschlafen wurde, wie in einer Durchschlageübung üblich, im Unterholz im Versteck. Das bezog man so, dass man möglichst unentdeckt bleiben kann, um nicht wieder die Beine in die Hand nehmen zu müssen. Zeltplane und Isomatte, Alarmposten – die Wache im Feld – auslegen, und schon war man weg. Ablösung in 30 Minuten. Eventuell vorher noch ein paar Schluck Wasser, das Essen, ein Stück Brot, oder Teile einer EPA (Einmannpackung), aber dann fiel man in eine Art Koma. Wobei ich trotz massiver Müdigkeit nicht wirklich schlafen konnte. Der Körper schmerzte so sehr, dass er mich vom Schlafen abhielt. Übrigens: Der Soldat schläft nie, er ruht.

»Ich bin raus«, sagte wieder einer. Und manchmal stand ein Zweiter auf, der gerade mit sich gerungen hatte. »Das gebe ich mir jetzt nicht mehr.« Und kehrte zu seinem Stammtruppenteil zurück.

Keiner machte sich darüber lustig. Jeder verstand ihn, weil wir doch alle mit diesem Satz kämpften: Ich gebe auf. Ich bin raus. Ich kann nicht mehr. Und sofort wären wir die Kiste los. Aber ich wollte den verwundeten Kameraden weitertragen. Ich wollte ihn ans Ziel bringen. Sein Ziel war mein Ziel.

Ich war nie genervt von den anderen. Denen ging es ja wie mir. Oder noch schlechter. Der eine hatte sich eine Blase gelaufen und steckte mit dem rohen Fleisch im Stiefel, der andere litt an extremen Schulterschmerzen, der Nächste kotzte ständig, einen anderen quälten Magenkrämpfe. Und alle waren wir Beamte, teils nur mit Zeitverträgen, und wurden nach Beamtentarif bezahlt. Dies nur mal zum Thema beschauliches Beamtenleben.

Von nah und fern wurden wir von unseren Ausbildern beobachtet – und natürlich von Psychologen. Dabei wurde nicht nur unsere physische Verfassung beurteilt, sondern auch die psychische. Wie gingen wir mit der Situation um? Wie verhielten wir uns bei Konflikten? Zeigten wir motivierende Eigenschaften? Steckte in dem einen oder anderen eine Führungspersönlichkeit? Wie war es um die Hilfsbereitschaft bestellt? Schonte sich jemand? Gibst du alles, gibst du wirklich alles? Und last, but not least: Wie war es um unsere Stressresistenz, unsere Krisenfestigkeit bestellt?

Die Ausbilder gaben ihre Eindrücke an ein Auswahlkomitee weiter; es konnte geschehen, dass man ausgemustert wurde, obwohl man alle Tests bestanden hatte, aber vielleicht nicht als teamfähig eingestuft oder aus psychologischen Gründen für ungeeignet befunden wurde.

Am Ende der Tortur absolvierten wir noch einen Eilmarsch über mehrere Kilometer. Völlig ausgepumpt kamen wir am Ziel an, einer Kaserne. Dort wurden wir direkt in einen Unterrichtsraum gelotst, wo wir einen letzten psychologischen Test zu bestehen hatten. Im Anschluss galt es Rechen- und Logikaufgaben auf Zeit zu lösen. Überprüft wurde das Denkvermögen nach Hochbelastung, unter Schlaf- und Essensentzug, und wie schnell wir in der Lage waren, kognitive Leistungen abzurufen.

»Danke, meine Herren. Sie haben hiermit den letzten Teil des EFV I absolviert. Ob Sie bestanden haben, werden wir Ihnen morgen früh mitteilen. Jetzt Ausrüstung ablegen, Waffen reinigen, Körperpflege, dann Ruhezeit bis um sechs Uhr. Um sieben Uhr Antreten, danach alles weitere. Fragen?«

Nö, Fragen hatten wir nicht. Nur dieses Gefühl, etwas erreicht zu haben. Etwas für uns Einzigartiges. Ausnahmsweise sagte keiner: Och, so wild war das gar nicht.

Von 35 Mann, die zu dieser EFV I angetreten waren, kamen sieben durch. Und das war erst die erste Hürde zum KSK. Als Nächstes würde ich mich im Schießlehrgang, Nahkampflehrgang und schließlich beim *Combat Survival* bewähren müssen.

Der stellvertretende Kommandeur bei meinem Stammtruppenteil, dem Fallschirmjägerbataillon 263 in Zweibrücken, begrüßte mich nach meiner Rückkehr überschwänglich. »Mensch, Schneider, du hast ja ganz schön abgenommen!« Dann ließ er eine herzliche Geste folgen: Er klopfte mir auf die Schulter.

Ich war wieder zu Hause.

### Ihr Krisennavigator: Härte gegen sich selbst, Empathie für andere

Ich bin der festen Überzeugung, dass Härte zu ertragen deutlich schwieriger ist, als Härte auszuüben. Das haben in der Vergangenheit auch eine Reihe von psychologischen Experimenten gezeigt. Der Mensch quält andere eben gerne, wenn es ihm zum Vorteil gereicht. Deshalb hält sich mein Respekt vor vermeintlichen »harten« Managern, die straff ihre Abteilung oder das Unternehmen führen, sehr in Grenzen. Auch das musste ich lernen. In jungen Jahren war ich ein echtes »Führungsschwein«. Mir fehlte eine wichtige Eigenschaft: Empathie. Noch heute bin ich da nicht wirklich gut. Aber verglichen mit früher kann ich mich besser in andere hineinversetzen. Das ist wichtig, auch in Krisen. Ein Schlüssel ist hier die Reflexion. Oft beschrieben, ganze Bücherregale füllend. Und dennoch glaube ich, dass man es einfach halten kann. Sogar mit Kant: »Behandle andere so, wie du von ihnen behandelt werden willst.« Wie soll ich den anderen beurteilen, seine Schritte voraussehen, wenn ich nicht weiß, wie er tickt, was er fühlt? Denn dass das in den allermeisten Fällen seine Reaktionen bestimmen wird, ist bekannt. Aber Empathie wird auch meine eigene Reaktion beeinflussen, und oft ist sie der bessere Weg zum Verhandlungserfolg.

Ein Beispiel: Zehn Jahre nach Kriegsende reiste Konrad Adenauer im September 1955 nach Moskau. Schwierige Verhandlungen folgten, die nach drei Tagen kurz vor dem Abbruch standen, weil

Adenauer die Verbrechen der Roten Armee in Deutschland zur Sprache brachte und Chruschtschow, Parteichef der KPdSU, damit in Rage versetzte. Geistesgegenwärtig ergriff der zur erweiterten deutschen Delegation gehörende SPD-Abgeordnete Carlo Schmid das Wort: »Ich möchte vorausschicken, dass im Namen des deutschen Volkes am russischen Volke Verbrechen begangen worden sind wie vielleicht noch nie in der Weltgeschichte. Ich rufe darum nicht die Gerechtigkeit an, sondern die Großherzigkeit des russischen Volkes. Und wenn ich das tue, denke ich in erster Linie nicht an die Menschen, die noch hier zurückgehalten werden, sondern an ihre Frauen, an ihre Kinder, an ihre Eltern. Lassen Sie Gnade walten und lassen Sie diese Menschen zurückkehren zu denen, die auf sie warten – die seit mehr als zehn Jahren auf sie warten.«

Daraufhin erklärte sich Chruschtschow bereit, Milde walten zu lassen: Adenauer kehrte nach Deutschland zurück mit dem Ehrenwort, dass 9626 Kriegsgefangene und eine größere Zahl von Zivilinternierten nach Hause dürften. Dafür musste er Zugeständnisse machen – wie überall war es auch hier ein Geben und Nehmen. Aber die Familien dieser fast 10 000 Männer konnten zehn Jahre nach Kriegsende ihre Väter, Söhne, Ehemänner in die Arme schließen ...

Quelle: https://www.deutschlandfunk.de/vor-60-jahren-adenauer-verhandelt-in-moskau-ueber.871.de.html?dram:article_id=330824

Härte, vor allem auch in Verhandlungen, darf kein Selbstzweck sein. Ich muss in der Lage sein abzuwägen und auch an die andere Seite denken. Wie wirkt sich meine Entscheidung auf mein Umfeld aus? Vielen Menschen ist das egal. Andere sind so empathisch, dass sie sich selbst und ihre Ziele vergessen. Wie so oft liegt die Erfolgsspur in der Mitte.

# Proof of Life

*Bremen, 25. Oktober, 14:00 Uhr*
*Ort: Kleiner Konferenzraum*
*Anwesend: Mackenroth, Hollfelder, Schneider*

Ohne Lebenszeichen keine Verhandlung! Das Lebenszeichen ist die Voraussetzung dafür, dass wir überhaupt verhandeln. Es kann in verschiedener Form übersendet werden. Eine Fotografie zählt allerdings nur, wenn die Person mit einer aktuellen Tageszeitung abgebildet ist. Manche erinnern sich vielleicht an die Bilder der Schleyer-Entführung aus den 1970er-Jahren. Ein Führerschein oder Personalausweis ist kein Lebensbeweis. Er könnte verloren und gefunden worden sein oder gestohlen. Auch Antworten auf Fragen, die nur das Entführungsopfer kennt, können als Beweis gelten. Doch die Fragen, die der Geisel übermittelt werden, sollten einfach sein. Wenn ein Opfer unter Schock steht oder verletzt ist, kann es eventuell keine komplexen Fragen beantworten. In meinen Fällen ziehe ich es vor, wenn der Sprecher mit den Geiseln persönlich sprechen kann. Idealerweise mit allen, zur Not auch nur mit einem, der aber Auskunft geben kann über das Befinden der anderen. Das würde nun hoffentlich der Kapitän tun.

Mackenroth und ich saßen seit 13:45 Uhr in dem kleinen Konferenzraum und warteten. »Wird das jetzt zu meiner neuen Mittagsbeschäftigung?«, fragte er. »Dass wir uns jeden Tag hier treffen?«

»Wenn es sich einmal eingespielt hat, werden die Abstände vermutlich größer«, antwortete ich. »Jetzt müssen wir die andere Seite erst einmal kennenlernen. Und vor allem müssen wir Gewissheit darüber erlangen, ob sie unsere Leute wirklich entführt haben oder ob es sich um Trittbrettfahrer handelt.«

»Das ist einfach nur widerlich«, stieß Mackenroth hervor.

»That's life«, entgegnete Hollfelder lapidar hinter seiner Zeitung. Er war auf eine lange Wartezeit eingerichtet, hatte die FAZ, die SZ, die ZEIT und WELT vom Wochenende dabei.

14:10 Uhr

»Vielleicht rufen sie gar nicht an«, sagte Mackenroth.

»Ja, vielleicht«, antwortete ich.

»Aber gestern ist es doch ganz gut gelaufen.«

»Ja, gestern ist es gut gelaufen, doch das sagt nichts über heute.«

14:20 Uhr

»Und wenn sie sich nicht melden?«

»Dann melden sie sich nicht.«

14:30 Uhr

»Was könnte denn schiefgegangen sein bei denen?«, fragte Mackenroth.

»Eine Menge. Vielleicht lebt der Sprecher schon gar nicht mehr«, erklang es hinter der Zeitung.

»Dann müssten wir von vorne anfangen.«

»Ja. Man muss immer damit rechnen, von vorne anzufangen.«

14:40 Uhr

»Wie lange warten wir hier eigentlich?«, wollte Mackenroth wissen.

Ich antwortete ihm: »Bis 16 Uhr.«

»Und danach?«

»Nehmen Sie das Handy mit nach Hause und informieren Sie mich sofort, wenn die Entführer sich melden.«

15:00 Uhr

»Vielleicht gehen wir noch mal die Punkte durch, auf die ich achte, wenn sie anrufen?«, fragte Mackenroth.

Das gefiel mir. »Ja, gern.«

Mackenroth räusperte sich und begann. Zum Teil wiederholte er meine Vorgaben wörtlich. Wie schon einmal festgestellt, ein hervorragender Funker, dieser Mann. Sogar Hollfelder ließ die Scheibe seiner Zeitung heruntergleiten und hörte Mackenroth aufmerksam zu.

### Ihr Krisennavigator: Acht mal Achtung

**1. Respekt wahren**

Behandle den anderen, wie du gern behandelt werden möchtest. Respektlosigkeit triggert irrationale Reaktionen.

**2. Abstand halten**

Bleibe immer in einer gesunden Distanz zum Geschehen.

**3. Provokationen ignorieren**

Wer sein Gesicht verliert, schlägt sinnlos um sich und schwächt sich.

**4. Gut Wetter machen**

So oft wie möglich signalisieren, dass ich den anderen verstanden habe. Und wenn der Geiselnehmer erwähnt, dass es heute heiß ist, sage ich Ja, auch wenn wir zehn Grad minus haben.

**5. Positiv formulieren**

Hindernisse und Blockaden werden nicht kommuniziert. Alles wird als positiv und lösbar dargestellt. Angebote werden so attraktiv wie möglich vorgebracht, damit es dem Gegenüber leichtfällt zuzustimmen.

**6. Weichspülen**
Die Position des Gegenübers aufweichen mit Fragen. Warum ist etwas so und nicht anders? Inwiefern ist etwas gerecht? Und so weiter.

**7. Zugeständnisse**
Es ist ein Irrglaube, Zugeständnisse als Schwäche zu interpretieren. Sie sind ein Zeichen für Stärke!

**8. Druck ins Leere laufen lassen**
Denken Sie immer daran: Wer Druck aufbaut, braucht viele Optionen, um diesen aufrechtzuerhalten. Druck kann ein Zeichen von Schwäche sein und es erschweren, sein Ziel zu erreichen.

»Ich bin beeindruckt«, sagte ich.

»Ich auch«, grinste Mackenroth. »Denn wissen Sie was, das habe ich gestern Abend angewendet bei meinem Nachbarn. Wir haben da ein kleines Problem. Also, es hat sich ausgewachsen. Fast drei Meter. Es ist die Hecke.«

»Und?«, fragte ich.

»Ich habe alles genau so gemacht, wie Sie es als Krisenstrategie vorgeschlagen haben. Und siehe da: Am Samstag will er auf zwei Meter stutzen. Dann sehe ich endlich mal wieder den Sonnenaufgang.«

»Allmächt«, murmelte es hinter der Zeitung. Unklar blieb, ob der Sonnenaufgang oder ein Artikel kommentiert wurde.

## Gefechtsfeldprosa

15:15 Uhr

»Darf ich Sie mal was Privates fragen?«, wollte Mackenroth wissen, als Hollfelder nach draußen gegangen war.

»Ja.«

»Sind Sie eigentlich heute noch genauso fit wie in Ihrer KSK-Zeit?«

Damit hatte ich nicht gerechnet. Während ich meine aktuelle Fitness mit der früherer Jahre verglich, legte Mackenroth noch einen drauf. »Wie viele Liegestütze schaffen Sie?«

»Alle«, sagte ich.

Wir lachten beide.

Nach einer Weile kündigte Mackenroth an: »Ich hätte noch eine Frage.«

Würde er jetzt Klimmzüge abfragen?

Ich täuschte mich. Mackenroth wollte wissen: »Wie kriege ich das hin, mich so klar und deutlich auszudrücken? Ich bin nicht sicher, ob ich das durchhalten kann. So knapp und … militärisch irgendwie. Es ist eine ganz andere Herangehensweise als im Betriebsrat. Da setzen wir eher auf Verständnis, Entgegenkommen, da macht man lieber mal mehr Wörter. Man will ja, dass die Mitarbeiter sich wohlfühlen. Sie haben diese knappe Sachlichkeit bestimmt beim Bund gelernt, oder?«

Ich schmunzelte. »Ja, das habe ich beim Heer gelernt, aber es war kein leichter Weg.«

Ich sah mich selbst als jungen Soldaten bei meinem Fahnenjunkerlehrgang. Alles wollte ich richtig machen bei meiner ersten Befehlsausgabe.

Und so sagte ich: »Müller, du machst das jetzt so … und Meier, am besten wäre es, wenn du dich hier in Stellung begibst. Huber, dich würde ich bitten, an dem Baum da vorn in Stellung zu gehen.«

Der Feldwebel fiel mir ins Wort. »Schneider!«, donnerte er. »Halten Sie den Mund. Ich will hier keine Gefechtsfeldprosa hören. Sie sollen einen Befehl geben und keine Romane erzählen.«

Auch an einen Ausbilder erinnerte ich mich, der uns die Höflichkeit regelrecht ausgetrieben hatte. Einmal sagte ich: »Ich würde jetzt von A nach B gehen.« Daraufhin meinte er: »Würde hat der Papst. Gehen Sie von A nach B oder lassen Sie es bleiben. Würde brauchen Sie in keinem der beiden Fälle.«

Fragend schaute Mackenroth mich an. Bei meiner dritten Erinnerung stellte ich auf laut. Ich hatte einen Kameraden angewiesen: »Huber, du gehst dann bitte zu dem Baum, legst dich rechts an den Baum und schießt hier über die Wiese auf das rechte untere Fenster.«

Richtig wäre: »Huber, du beziehst so Stellung, dass du auf das Fenster rechts unten wirken kannst.« Das nennt man Auftragstaktik. Der selbstständig denkende Soldat ist gefordert. Er muss mitdenken, um das gemeinsame Ziel erreichen zu können. Er ist keiner, der blind Befehle befolgt. Aber dazu muss er das übergeordnete Ziel kennen. So wie wir beim KSK.

Mackenroth schmunzelte.

»›Bitte‹ und ›Danke‹ kann man knicken«, fuhr ich fort. Man gibt Befehle. Imperativ. Am besten mit drei Ausrufezeichen. Und laut. Damit man auch unter Beschuss durchdringt. Und keine Beschönigungen. Alles kurz und knapp und klar – im Ernstfall hat man keine Zeit für Höflichkeiten. Einer meiner Kameraden hat immer gesagt: »Lieber ruppig und lebendig als höflich und tot.«

Mackenroth legte die Stirn in Falten. Er dachte eine Weile nach und fragte schließlich: »Aber sagen Sie, Herr Schneider, ist das nicht schwierig auseinanderzuhalten, wann man privat ist und wann im Einsatz? Also, bei mir war das so, dass meine Frau dann manchmal zu mir gesagt hat … ›Thomas‹, hat sie gesagt, ›Thomas, wir sind hier bei keiner Betriebsratsversammlung, sondern am Frühstückstisch.‹«

Jetzt musste ich schmunzeln. Ich konnte Mackenroth nur zustimmen. »Natürlich färbt das ab. Bis heute passiert mir das immer wieder, obwohl ich seit Jahren nicht mehr bei der Truppe bin. Wenn ich einen Raum betrete und mich vorstelle, sage ich laut und deutlich: ›Guten Tag, mein Name ist Schneider.‹ Ich strecke die Hand vor, ergreife die andere und drücke zu. Einmal hat mir jemand seine Außensicht mitgeteilt: Da kommt einer mit Stechschritt rein und zerquetscht dir die Hand.«

Mackenroth lachte laut heraus.

»Was ist denn hier los?«, fragte der zurückkehrende Hollfelder leicht irritiert

Mackenroth antwortete: »Die Lage ist beschissen, die Stimmung aber gut! Alles unter Kontrolle, keine Auffälligkeiten«, rapportierte er.

Grinsend rollte Hollfelder seine Augen zur Decke. Das Telefon klingelte. Sie ploppten zurück.

15:21 Uhr

»This is John.«

»This is Peter. How are you, John?«

»I am fine. Listen. I have the captain with me.«

»Very good«, sagte Mackenroth, schob dann allerdings ein »thank you« ein. Übertreiben wollten wir es nicht. Gibst du den kleinen Finger, reißen sie dir den ganzen Arm ab. »I need to talk to him.«

»Yes. But very short. No long talking!«

»Fine.«

Rauschen. Geräusche.

»Hallo?

»Ja?«

»Kapitän Kobalenko.«

»Hier ist Peter. Wie geht es Ihnen, Kapitän?«

»Es geht.«

»Talk english, talk english, man!«, mischte John sich ein.

»Yes, yes«, haspelte Kobalenko.

»Are all of the Crew okay?«, erkundigte sich Mackenroth.

»Ja, ja, den Umständen …«

»English!«, brüllte John.

»They are okay. Also im Großen und Ganzen. They are okay.«

»What ist the name of your dog?«, fragte Mackenroth. Denn natürlich benötigten wir einen Beweis, dass wir tatsächlich mit Kapitän Kobalenko sprachen. Nach dem Namen seiner Frau und seinen Kindern zu fragen, wäre zu einfach gewesen, die hätten die Entführer in Erfahrung bringen können. Frau Sommer hatte diese Information für den *Proof of Life* beschafft.

»Kolja«, erwiderte der Kapitän, und seine Stimme brach. Er verlor seine mühsam aufrechterhaltene Selbstbeherrschung. »Kolja«, wiederholte er schluchzend. Sekundenlang hörten wir seine abgrundtiefe Verzweiflung.

John riss ihm das Telefon weg. »Enough! Enough talking.«

»Thank you«, sagte Mackenroth. Das war ihm wohl nicht abzugewöhnen.

»Now we talk business«, forderte John.

»What do you want?«, fragte Mackenroth.

»Four hundred million Dollar.«

»We do not have four hundred million Dollar«, verneinte Mackenroth.

»No mercy. Four hundred million!«

»We are a small company. We need a realistic number.«

»Four hundred million we want. Otherwise we kill the crew.«

Mackenroths Gesicht war gerötet und schweißüberströmt. Er rang nach Worten. Impulsiv wollte er etwas entgegen, riss sich zusammen, starrte auf das Skript.

»Understand?«, brüllte John.

Mackenroth fasste sich wieder. »We understand, that you have the crew. But please make sure that they are okay.«

»You talk to the captain. You are sure.«

»But we need a realistic number.«

»Four hundred is realistic.«

Das Gespräch drehte sich im Kreis. Ich machte Mackenroth ein Zeichen, es an dieser Stelle zu beenden.

»I have to talk to the owner of the company«, zog Mackenroth die Reißleine.

»I call again.«

»Tomorrow two o'clock«, versuchte Mackenroth, einen Termin zu vereinbaren.

»Maybe.«

Und weg war er.

Zurück blieb ein schweißüberströmter Mackenroth. Einzig sein Humor war trocken geblieben. »Ich glaube, den Fitnessklub spare ich mir heute und gehe gleich duschen.«

## Im Stand-by

Mackenroth würde das Handy wie am vergangenen Tag mit nach Hause nehmen. Er würde es nun immer bei sich tragen, denn die Entführer würden sich vielleicht nicht an unsere Sprechzeiten halten. Doch jetzt, nach dem *Proof of Life,* konnten wir ein wenig gelassener sein und mussten nicht mehr jedes Gespräch annehmen. Wir waren sicher, dass es sich bei John um einen der Entführer handelte, er war kein Trittbrettfahrer. Vielleicht konnten wir ihn sogar dazu erziehen, unsere Telefontermine einzuhalten, beziehungsweise seinen Boss, in dessen Auftrag er Kontakt mit uns aufnahm.

Ich hoffte, dass es sich bei dieser Bande nicht um Amateure handelte, dass wenigstens der Boss ein Profi war. Sonst würden wir mit vielen Schwierigkeiten konfrontiert sein. Wenn John betrunken wäre oder im Drogenrausch, könnte er auf die Idee kommen, in Eigenregie bei uns anzurufen. Oder sein Boss könnte ihm beauftragen, uns zu erklären, dass der Preis jetzt auf 500 Millionen gestiegen sei.

Alkohol- und Drogenmissbrauch erschweren die Verhandlungen sehr. Bei einem meiner Fälle in Somalia kaute die Bande kiloweise

Kath. Ab Mittag waren sie vollgepumpt mit der Droge und zu keiner vernünftigen Verhandlung fähig, sodass wir versuchten, die Gespräche am Vormittag zu führen, in der Hoffnung, dass sie sich am nächsten Tag daran erinnern würden. Hunger kann auch ein wichtiges Kriterium sein. Es ist immer besser, mit vollem Magen zu verhandeln, dann sind alle in der Regel friedlicher. Wer Hunger hat, bei dem liegen die Nerven blank, und manche Leute reagieren dann sehr unangenehm. Es ist nicht einfach, diese vielen Kleinigkeiten zu berücksichtigen, schon gar nicht in der Hitze des Gefechts. Doch oft entscheiden gerade die Kleinigkeiten über den großen Erfolg.

### Ihr Krisennavigator: Klarheit und Mut

Klare Sprache ohne Rumgeschwurbel vermissen wir heute nicht nur in der Politik, sondern oft auch im privaten oder persönlichen Umfeld. Uns fehlt immer öfter der Mut, klar zu kommunizieren. Lieber schreiben wir WhatsApp-Nachrichten oder stellen uns tot – Ghosting als neues Stilmittel der Kommunikation. Warum ist das so? Ich vermute, weil wir es zum einen verlernen, miteinander in direkter Kommunikation zu interagieren, und zum anderen, weil uns der Mut abhandenkommt. In meinen Augen gehören Mut und Miteinander-Reden zu einem guten Umgang und natürlich auch zum erfolgreichen Management einer Krise. Es mag altmodisch klingen, doch mir scheint, das Rückgrat fehlt. Bei vielen Einzelnen, aber auch in der Gesellschaft insgesamt. Unverbindlichkeit ist keine Haltung zum Leben – und schafft auch keine Lebensfreude. Stattdessen regiert die Angst anzuecken oder die Angst vor Verlusten, zum Beispiel der Beamtenpension, vor dem Verlust der Position im Unternehmen. Wir lächeln unentwegt, signalisieren Harmlosigkeit, kriegen Stresspickel und, wenn's schlimm kommt, einen Burn-out. Und fahren Tretroller mit Helm. Angst, Mutlosigkeit, Unverbindlichkeit und Schweigen sind die Herrscher unserer Zeit. Geradestehen, etwas auf sich nehmen, für sich und andere einstehen, Profil und gern auch mal Kante zeigen: Fehlanzeige. Aber Klarheit wird meist sehr geschätzt! Trauen Sie sich. Beweisen Sie Mut im Kleinen. Fahren Sie Porsche. Den guten, ohne E-Antrieb.

# Die Taktik der Entführer

Im Krisenstab herrschte große Erleichterung, als ich melden konnte, dass wir mit den richtigen Leuten sprachen. Nun würden wir in die Verhandlung einsteigen.

»Woher wissen wir, dass sie unseren Kapitän nicht ermorden?«, fragte der Reeder. »In gewisser Weise hat er ja jetzt seine Schuldigkeit getan mit dem *Proof of Life.*«

»Wir werden im Laufe der Verhandlungen weitere Lebensbeweise fordern«, erklärte ich. »Vor allem auch gegen Ende der Verhandlungen, vor der Lösegeldübergabe.«

»Das ist gut, das ist gut«, murmelte Olsen. Dann fragte er mich, ob ich Herrn Mackenroth für einen geeigneten Sprecher halten würde.

»Ja. Er macht schon jetzt einen guten Job. Im Lauf der Zeit wird er noch besser in seine neue Aufgabe hineinwachsen.«

»Worin liegt die Hauptschwierigkeit?«, erkundigte sich Krüger neugierig. Es war ihm noch immer anzumerken, dass er Mackenroth um den Kontakt zu den Entführern beneidete und diese Schlüsselrolle gern selbst besetzt hätte.

»Es gibt keine Hauptschwierigkeit«, bremste ich ihn. »Herr Mackenroth ist höchstens eine Spur zu höflich. Aber wer weiß, womöglich ist das in diesem Fall ein guter Weg. Wir stehen ja noch am Anfang und lernen uns gerade erst kennen.«

»Und wie geht es jetzt konkret weiter?«, erkundigte sich der Justiziar.

»Ich werde ein Skript für den nächsten Kontakt verfassen. Wir steigen in die Verhandlung ein mit dem Ziel, maximal zwei Millionen Dollar zu bezahlen.«

Der Justiziar klang skeptisch: »Von 400 Millionen auf zwei Millionen? Da machen die doch nicht mit.«

»Nicht kampflos«, erwiderte ich. »Sie werden mit allen möglichen Tricks versuchen, mehr herauszuschlagen. Aber das werden wir nicht zulassen.«

»Was sind das für Tricks?«, erkundigte sich Olsen. Ich erläuterte sie.

## Der Faktor Zeit

Die Entführer können versuchen, die Verhandlungen auf Schneckentempo zu verlangsamen, oder sie komplett anhalten, um uns unter Druck zu setzen. Oder sie geben plötzlich Gas und wollen am liebsten mehrmals täglich mit uns sprechen. Wir werden uns davon nicht beeindrucken lassen, das ist die beste Methode, um wieder in ruhiges Fahrwasser zu gelangen. Eventuell werden auch wir den Faktor Zeit nutzen. Die Entführer stehen unter höherem Druck als wir. Jede Stunde, in der sie die Geiseln verstecken müssen – vor der Polizei, vor dem Militär, vor konkurrierenden Banden – stellt einen Risikofaktor dar. Natürlich liegt es in ihrem Interesse, so schnell wie möglich an so viel Geld wie möglich zu kommen. Zumal sich die Kriminellen auch untereinander zerstreiten können. Der Kopf der Bande muss seine Leute zusammenhalten – und die haben keinen Arbeitsvertrag mit Kündigungsfristen. Auch Meutereien sind möglich; es könnte sich ein Teil der Gruppe abspalten und versuchen, mit den Geiseln oder einem Teil der Geiseln zu fliehen, um dann ihrerseits Verhandlungen mit uns aufzunehmen, und so weiter und so weiter. Das alles ist dem Gang-Führer bewusst, und deshalb könnte er versuchen, den Faktor Zeit zu seinen Gunsten zu nutzen.

Was uns betrifft, brauchen wir eine gewisse Zeit, um die Lösegeldübergabe einzuleiten. Doch wir haben definitiv den längeren Atem, solange keiner unserer Seeleute ärztlicher Hilfe bedarf. Allerdings müssen wir im Auge behalten, dass sich der Gesundheitszustand der

Entführten im nigerianischen Dschungel unter schlechten Bedingungen nicht verbessern wird. Und wir wissen nicht, welchen Repressalien sie ausgesetzt sind, wie belastbar ihre Psyche ist. Was auch für die Entführer gilt. Die wären sicher auch lieber zu Hause bei ihren Familien als mit einem Haufen aggressiver Kumpane unter dem permanenten Risiko einer drohenden Verhaftung.

## Zusatzvereinbarungen

Um uns unter Druck zu setzen, können die Entführer versuchen, zusätzliche Vereinbarungen zu treffen. Zum Beispiel, indem sie Lebenszeichen ablehnen beziehungsweise an ein höheres Lösegeld knüpfen. Darauf werden wir uns auf keinen Fall einlassen. Wir kaufen keine Katze im Sack; die Lebenszeichen gehören zum Standard und wir bezahlen nicht extra. Das Gleiche gilt für jegliche Änderung von besprochenen Vereinbarungen. Beliebt ist es zum Beispiel, den Gruppenpreis zum Einzelpreis zu erklären. Angenommen, man verhandelt eine Summe X für alle, und auf einmal wird diese Summe X für eine einzelne Geisel verlangt. Es muss von Anfang an klar sein, dass die Lösegeldsumme für die ganze Gruppe gilt. Wir werden keine Änderung in besprochenen Punkten akzeptieren, außer zu unseren Gunsten.

## Drohungen

Auf Drohungen müssen wir vorbereitet sein, sonst erwischen sie uns kalt und könnten zu überstürzten Handlungen führen wie zum Beispiel einer Änderung von bereits besprochenen Punkten. In der Regel drohen die Entführer mit dem schlechten Gesundheitszustand der Geiseln. Das ist natürlich schwer zu überprüfen und kann uns deshalb sehr unter Druck setzen. Vor allem, wenn sie diesen Tatbestand durch einen *Proof of Life* scheinbar beweisen. Doch solche Beweise können gefälscht sein. Die Entführungsopfer können mit vorgehaltener Waffe zu allen möglichen Aussagen gezwungen werden. Ganz sicher können wir nie sein. Manchmal drohen Entführer auch, indem sie auf ihre schwierige Situation aufmerksam machen, dass ihr Versteck jederzeit entdeckt werden könnte und bei einer Stürmung durch die Polizei auch Lebensgefahr für die Geiseln besteht.

Oder sie drohen damit, ihre Opfer zu verstümmeln oder zu töten. Unsere Reaktion sollte so aussehen, dass wir auf indirekte Drohungen nicht eingehen. Die überhören wir. Auf direkte Drohungen werden wir folgendermaßen reagieren:

- Wir zeigen, dass uns bewusst ist, in welcher Lage unsere Mitarbeiter sich befinden, und dass wir die Verhandlungen mit den Entführern aus diesem Grund sehr ernst nehmen.
- Wir versichern, dass wir alles in unserer Macht Stehende tun, um zu einer guten Einigung zu kommen, dass aber solche Drohungen dabei nicht förderlich sind.
- Wir sagen den Entführern, dass wir wissen, dass sie die volle Kontrolle über das Leben der Geiseln haben, wir aber so nicht zu einer Lösung kommen.
- Wir erinnern die Entführer an ihre »Fürsorgepflicht« für die Opfer. Wir erwarten von ihnen, dass sie sie gut behandeln. Wenn den Geiseln Schaden zugefügt wird und sie sterben, wird es kein Geld geben.
- Und wir verlangen sofort einen *Proof of Life* beim nächsten Kontakt.

Drohgebärden sind gefährliche Phasen, da wir trotz aller Entschiedenheit dafür sorgen müssen, dass die Entführer nicht ihr Gesicht verlieren. Wir müssen sie stets mit Respekt behandeln. Wenn sie sich nicht ernst genommen fühlen, könnten sie im Affekt ihre Drohungen wahr machen. Solche Situationen erfordern höchstes Fingerspitzengefühl vom Sprecher.

### Telefonterror

Die Entführer können fordern, dass wir 24 Stunden am Tag gesprächsbereit sind. Dieses Ansinnen wird zurückgewiesen. Wie wir es jetzt bereits etabliert hatten, diktieren wir die Telefontermine. Alles andere wäre für den Sprecher psychisch und physisch zu kräftezehrend. Was die Entführer damit natürlich bezwecken: Sie wollen uns unter Druck setzen.

Um die Entführer jedoch nicht vor den Kopf zu stoßen, kann kommuniziert werden, dass die Abläufe im Unternehmen, das daily business, aufrechterhalten werden müssen, um die Geschäfte nicht zu beeinträchtigen, die ja wiederum dafür sorgen, dass Geld an die Entführer fließt.

### Kontaktabbruch

Er ist zwar nur vorübergehend und kann im Nachhinein als Ruhen der Verhandlung betrachtet werden. Doch wenn der Kontakt zu den Entführern abreißt, ist das eine bedrohliche Situation. Die natürlich als Druckmittel eingesetzt werden kann, wenn nicht äußere Umstände dafür verantwortlich sind wie der Tod der Entführer und/oder des Sprechers. Gelegentlich kündigen die Entführer ihr Schweigen an. Warum sie den Kontakt ruhen lassen, ist ungewiss. Vielleicht gibt es ein Sicherheitsrisiko und sie müssen das Versteck wechseln.

Der Kontaktabbruch kann aber auch aus taktischen Gründen erfolgen. Dies liest man meistens aus der Vorgeschichte heraus. Gab es im Vorfeld einige unproduktive Telefonate? Wird der Kontaktabbruch als Strafmaßnahme eingesetzt, weil man Forderungen der Entführer nicht erfüllte? Oder um das Tempo zu beschleunigen? Doch man kann sich immer täuschen, die Entwicklung aufseiten der Entführer bleibt nebulös. Zeigen wir uns durch eine Ruhepause nervös oder erschreckt, werden die Entführer sie in Zukunft für ihre Zwecke zu nutzen versuchen. Das heißt also, dass wir auch davon nach außen unbeeindruckt bleiben.

Eine angebliche Taktik kann auch der Sprachlosigkeit geschuldet sein. Angenommen, ein oder mehrere Entführte sind zu Tode gekommen, vielleicht durch einen Bandenkrieg. Davon werden wir niemals erfahren. Hat die Polizei das Lager entdeckt, stehen die Chancen besser, dass wir davon Kenntnis erhalten. Aber sie kann den Entführern auch bloß auf den Fersen sein, weshalb sie den Kontakt abbrechen. Vielleicht wurde der Sprecher getötet und die Führung weiß nicht, wie sie mit uns Kontakt aufnehmen soll. Oder es wurden zudem einige Führungsmitglieder der Gruppe getötet, und der verbliebene Rest hat keinen Plan und weiß nicht, mit wem er Verhandlungen führen soll. Wenn das Risiko für eine Gruppe zu hoch ist, kann sie die Geiseln an eine andere Gruppe verkaufen. Das wird uns nicht mitgeteilt, stattdessen zieht man sich einfach ins Schweigen zurück. Und alles fängt von vorne an mit neuen Protagonisten auf der Entführerseite.

### Brutalität

Es können Fotos übermittelt werden, die die Geiseln in einem besorgniserregenden Zustand zeigen – blutüberströmt, verstört, grausam gefesselt. Oder Tondokumente, auf denen sie um Gnade flehen. Filme, in denen sie gefoltert werden. Das alles ist sehr schwer zu ertragen, zumal die Entführten ja nicht verstehen, warum ihr Arbeitgeber dermaßen hartherzig und/oder gleichgültig auf ihre Not reagiert. Manche der Misshandlungen werden inszeniert – mit Tierblut zum Beispiel. Andere sind echt. Als extreme Schocktaktik gilt die Übersendung abgeschnittener Körperteile.

In der Praxis kommt es sehr selten zu Verstümmelungen, eher zur Androhung beziehungsweise einer Inszenierung. Sollte das Opfer tatsächlich verstümmelt werden, neigen manche Entführer zu Gewissensbissen und machen danach überraschende Zugeständnisse. Eine als »harmlose Folter« geplante Aktion kann auch entgleist sein. Ein Unternehmen sollte ausdrücklich gegen jede Art von Brutalität protestieren. Ein neuer *Proof of Life* muss sofort erfolgen. Das Angebot wird auf keinen Fall erhöht, sonst steht die nächste Brutalität bevor. Die Entführer sollten daran erinnert werden, dass sie für die Unversehrtheit der Geiseln verantwortlich sind und dass es kein Geld gibt, wenn die Geiseln tot sind.

## Das Spiel geht weiter

Blasse Gesichter schauten mich an, nachdem ich diese zum Tagesgeschäft gehörenden Taktiken der Entführer erläutert hatte.

»Und was können wir tun, damit es nicht so weit kommt?«, fragte der Reeder.

»Uns an die Spielregeln halten«, erklärte ich.

»Die da wären?«, fragte Jansen.

»Weitermachen wie bisher. Geduld haben.«

»Das ist ein Scheißspiel«, murmelte Krüger.

»Ja, aber wir kennen die Taktik der Entführer. Und deshalb werden wir das Spiel gewinnen«, sagte ich zuversichtlich. Eine lange zurückliegende Begebenheit fiel mir ein, und ich überlegte kurz, ob ich sie abschließend dem Krisenstab mitteilen sollte, behielt sie dann aber für mich.

Ich war noch nicht lange selbstständig und sollte meine Dienstleistung bei einem Weltkonzern präsentieren. Obwohl der Hauptsitz des Unternehmens mit einem Glaspalast in einer europäischen Metropole prunkte, wurden mein Mitarbeiter und ich in den Keller geführt und sollten in einem fensterlosen Raum, in dem eine Bullenhitze herrschte, kurz warten. Es vergingen 15, 20 Minuten. Wir sollten offenbar weichgekocht werden. Ein wenig netter Versuch, durch hässliche Umstände das Selbstbewusstsein anzugreifen und später den Preis zu drücken. Ich hatte meine potenziellen Geschäftspartner noch gar nicht gesehen und wusste schon, dass ich sie nicht mochte. Konnte ich es mir leisten, diesen Auftrag sausen zu lassen? Was stand hier für mich auf dem Spiel? Am Ende stellt sich die Frage, ob ich den Preis für eine solche »Partnerschaft« bezahlen wollte … Trotz dieses schlechten Starts konnte ich die Spielregeln bestimmen und in Führung gehen – weil ich die Taktik meines Gegenübers durchschaut hatte.

### Ihr Krisennavigator: Durchschaue den Feind und nutze seine Schwächen

Die Gegenseite wird immer versuchen, Strategien anzuwenden, die wir eventuell schon kennen. Aber das heißt nicht, dass wir jetzt gerade damit rechnen. Bereiten Sie sich auf schwierige Gespräche und Lösegeldverhandlungen vor. Was kann die Gegenseite als Argument bringen, wie verhalte ich mich dann, was kann ich erwidern? Das muss geübt werden, aber es lohnt sich: Gute Vorbereitung ist ein Erfolgskriterium. Versuchen Sie, die Motivation der anderen zu erkennen. Wer sich in schwierigen Gesprächen überraschen lässt, ist selbst daran schuld. Gehen Sie in kein Gespräch ohne Agenda. Nutzen Sie das Stilmittel Stille. Schweigen Sie mal 30 Sekunden. Ihr Gegenüber wird sofort nachhaken. Lassen Sie die anderen reden. Daraus erstellen Sie ein Bild, das Ihnen in der Gesprächsführung und in der Krise nützt. Schon der chinesische Philosoph und Militärstratege Sunzi wusste: »Wenn du dich und den Feind kennst, brauchst du den Ausgang von hundert Schlachten nicht zu fürchten.«

# Die Gefahr der Routine

*Bremen, 3. November*

Seit knapp drei Wochen segelte die Reederei nun unter der Fahne der Piraten. Eine gewisse Routine hatte sich eingestellt. Morgens und nachmittags traf sich der Krisenstab, die Teilnehmer informierten die Runde über Neuigkeiten in ihrem jeweiligen Bereich. Bis jetzt lief alles glatt, wir hatten die finanziellen Verhandlungen aufgenommen und schon einiges erreicht in unseren Telefonaten mit John, dem Speaker der Entführer. Die Gespräche folgten demselben Muster. Nach einer kurzen Eröffnung und dem Austausch minimalster vertrauensbildender Maßnahmen – *How are you?* – kam man zum Wetterbericht, und danach fing der Krimi an, heute, gestern und morgen: ein Entführungsfall.

»Forty million US Dollar«, verlangte John von Mackenroth – und eröffnete den täglichen Handel an der Entführungsbörse. Wir waren gut vorangekommen von den eingangs 400 geforderten auf 40 Millionen!

»I understand your demand«, sagte Mackenroth bedächtig, während er mich nicht aus den Augen ließ. Ich nickte. »I will forward this message to the company.« Ich nickte abermals. »But now I can't give you an offer«, fuhr Mackenroth fort. »I have to talk to the company.«

Das gefiel dem Speaker natürlich nicht, doch die Regel lautet: Kein direktes Gegenangebot im selben Gespräch. Es ging noch eine Weile hin und her, dann vertagte man sich. *We talk again tomorrow at two o'clock. Bye.*

So lautete die Schlussformel, die Mackenroth stets anbringen sollte. *Same procedure.* Auf dem Weg dahin konnte er durchaus auch einmal eine persönliche Botschaft einstreuen. Die selbstverständlich vorher genau kalkuliert war. Denn wir wollten den Sprecher aus der Deckung locken, ohne unsere eigene Tarnung aufzugeben. Das ist die Königsdisziplin in der Kommunikation: die getarnte Offenheit. Der Gegner soll unsere Intention und Motivation nicht erkennen. Wir gaukeln ihm jedoch vor, dass ihm das gelingt, damit er uns wiederum seine Intention und Motivation offenbart. Trotz dieses Katz-und-Maus-Spiels gibt es Gemeinsamkeiten; allein die Tatsache, dass wir im selben »Turnier« antreten, ist eine. Gemeinsamkeiten säen Vertrauen. Der kleinste gemeinsame Nenner ist wie bereits einmal erwähnt: Wir sind Menschen. Wir wollen beide am Leben bleiben. Wir wollen diese Krise so gut wie möglich lösen. Was *gut* bedeutet, darüber kann man natürlich diskutieren. Was wir aber auf keinen Fall tun werden. Wir heben Gemeinsamkeiten hervor, nicht die Gegensätze.

Wir wissen sehr wenig vom Speaker der Entführer. Wir können ihn nicht fragen, ob sich seine Frau von der schweren Grippe erholt hat. Doch wir können auch mit Floskeln ein Minimum an Anteilnahme zeigen. Floskeln, die wir sonst um jeden Preis vermeiden würden, weil sie dem Gespräch nicht dienlich wären. Hier sind sie es. Und dazu zählt auch, dass wir Perspektiven aufzeigen – wenn das alles vorbei ist. Die Haltung sollte sein: Du kannst dein Ziel erreichen … Und wir werden unseres erreichen! Wir wollen beide raus aus der Situation und zurück zu unseren Familien, right? Diese Grundeinstellung durfte Mackenroth nicht verlieren. Ich erinnerte ihn wieder und wieder daran, denn ich kenne die Gefahr der Routine. Man glaubt, die Sache läuft, und wird nachlässig. Aber Vertrauen verträgt keine Nachlässigkeit, und weil es so zerbrechlich ist und in unserem Falle wirklich ein sehr dünnes Band, musste es gut behütet werden. Mit Wachsamkeit in jeder Sekunde und Aufmerksamkeit: Wie ist John heute drauf? Denn natürlich war er ein Spiegel der Situation im Camp der Entführer. Gab es einen Unterschied zu gestern? Konnten wir irgendetwas »heraushören«?

Ich habe die Erfahrung gemacht, dass die meisten Menschen unaufmerksam werden, wenn Verhandlungen sich länger hinziehen. Das kann ein schwerer, beim KSK ein tödlicher Fehler sein. Zu den schwierigsten Situationen im Bereich der Spezialkräfte, aber auch der Polizei zählt die Observation.

Observationen haben nur einen Zweck: Das Lagebild verdichten, um eine möglichst gute Basis für eine Entschlussfassung zu erhalten. Das Dumme ist nur, dass Observationen lange dauern, teuer sind, viele Kräfte binden, dem Risiko der Entdeckung unterliegen und gaaaanz fürchterlich laaaaangweilig werden können, wenn sich nichts tut. Gelegentlich passiert es auch, dass sich zwei Observationsteams gegenseitig beobachten, weil sie nichts voneinander wissen. Das kann unter anderem dann geschehen, wenn Geheimdienste und militärische Observierungskräfte streng voneinander getrennt agieren.

Trotz des guten Verlaufs der Verhandlungen ließ ich mich nicht dazu verleiten, von einem unproblematischen Fall zu sprechen. Jederzeit konnte eine Bombe hochgehen. Nachlassende Aufmerksamkeit kann ein tödlicher Fehler sein. Reeder Olsen zeigte sich weiterhin als besonnener Kapitän des Krisenstabs. Er vergaß auch nicht, sich hin und wieder für das Engagement seiner Mitarbeiter zu bedanken, die diese Krise zusätzlich zu ihrem Tagesgeschäft abwickelten. Damit hielt er ihre Motivation hoch, sich weiter für die entführten Seeleute einzusetzen. Frau Sommer stand in engem Kontakt mit der Staffing Agency und ließ sich, was die Unterbringung der Angehörigen der Geiseln betraf, auf Anordnung des Reeders nicht lumpen. Olsen wollte, dass die Angehörigen sich nicht alleingelassen fühlten. So eine Fürsorge hatte ich selten erlebt, zumal er das aus eigener Tasche bezahlte, ohne Versicherung im Rücken. Und es war eine kluge Entscheidung. Denn wenn sich die Angehörigen der Entführten nicht gut aufgehoben fühlten und kein Vertrauen in die Maßnahmen des Unternehmens hätten, könnten sie eine eigene Initiative starten, ihre Liebsten zu befreien – mit fatalen Folgen. So etwas kann schlimmstenfalls mit dem Tod der Geiseln enden und für das Unternehmen einen nicht mehr gutzumachenden Schaden verursachen.

Vor Jahren habe ich einmal ein anderes Vorgehen erlebt. Ein pakistanischer Reeder ließ Schiff und Besatzung bewusst vor der Küste Somalias verrotten. Er machte seine eigene Rechnung auf: Was kosten mich der Verlust von Schiff und Besatzung – mit Lösegeldzahlung und ohne? Das Ergebnis stand schnell fest. Er fuhr billiger damit, Besatzung und Schiff im wahrsten Sinne des Wortes abzuschreiben und das gesparte Geld in ein neues Schiff zu investieren.

Frau von Sternberg patrouillierte in der Presseabteilung, und auch hier blieb bislang alles ruhig. Keine Meldung über die Entführung wurde veröffentlicht. Die Reederei stand nach wie vor mit weißer Weste da. Gut so, denn auch wenn sie keine Schuld traf, so hinterlässt eine solche Geschichte immer Flecken. Man würde den Namen der Reederei mit Unzuverlässigkeit in Verbindung bringen. Und natürlich fragten sich andere: Ist das Unternehmen nach einer Lösegeldzahlung noch solvent? Um für den Ernstfall gewappnet zu sein, hatte die Leiterin der Öffentlichkeitsarbeit ein Papier erarbeitet, wie das Unternehmen reagieren würde, wenn doch etwas durchsickerte. Zuerst würde sie die Nachrichtenagenturen bitten, die Meldung zurückzuhalten. Viele Agenturen stimmen einer zeitlich begrenzten Informationssperre zu, falls Menschenleben gefährdet sind. Wenn anzunehmen ist, dass die Entführer die Presse durchforsten, wovon ich in unserem Fall nicht ausging, kann man über befreundete Journalisten versuchen, Artikel über eine verstärkte Polizeipräsenz in einem bestimmten Gebiet oder Ähnliches zu lancieren, um die Entführer zu bedrängen. Doch das wäre nur bei sehr schwierigen Verhandlungen eine Option. Und davon ging ich im Moment nicht aus.

Justiziar Jansen war mit der Organisation des Geldtransfers beschäftigt und CSO Krüger mit der Lösegeldübergabe. Außerdem kümmerten sich beide um viele andere »Kleinigkeiten«, die notwendig waren für die Befreiung der Geiseln. Zum Beispiel die Dokumente der entführten Seeleute. Offiziell waren sie nicht eingereist. Sie benötigten aber einen Einreisestempel in ihren Papieren, damit sie nach geglückter Befreiung ausreisen konnten. Wir brauchten die Unterstützung der Botschaften, doch in vielen afrikanischen Ländern funktioniert das nicht so wie in Deutschland. Es konnte dauern, es kostete Geld und war sehr umständlich.

Im Großen und Ganzen lief jedoch alles reibungslos. Der erste Sturm der Emotionalität hatte sich gelegt, wir glitten nun durch ein ruhiges Fahrwasser aus Ordnung und Sicherheit. Der Sprecher der Entführer, John, hielt sich fast an die Telefonzeiten. Zwischen 14 und 15 Uhr meldete er sich, wenn wir 14 Uhr vereinbart hatten.

All das vermittelte Entspannung in einem weiterhin unsicheren Umfeld, das Hollfelder aufzuklären versuchte. Er stand in engem Kontakt zu verschiedenen Behörden in mehreren Ländern. Leider wussten wir noch immer sehr wenig über John und seine Gruppierung. Eine Sprachanalyse hatte ergeben, dass Johns Stimme auch in einem anderen Entführungsfall zu hören gewesen war. Das war eine gute Nachricht; wir hatten es zumindest in seinem Fall mutmaßlich mit einem Profi zu tun. Und Profis machen weniger Fehler. Vielleicht waren seine Chefs auch vom Fach, oder John hatte mehrmals als Speaker gearbeitet, ohne dass wir darüber Kenntnis hatten.

Hollfelder und ich diskutierten auch die Möglichkeit, dass John zu den Entscheidern gehörte. Aber dafür fehlten uns Beweise. Wir wussten zu wenig über die Hierarchie in dieser Gruppe. Oft ist ein Boss nur zum Anführer geworden, weil er der Gewalttätigste von allen ist, nicht der klügste. In der Privatwirtschaft ist es ja auch manchmal so, dass nicht derjenige Chef wird, der die Mitarbeiter am besten führt, sondern derjenige, der besonders gut Prozesse optimieren und Kosten senken kann. Ein brutaler Boss kann wiederum zur Meuterei provozieren, wenn sich seine Leute die Schikanen nicht mehr gefallen lassen wollen. Das bringt Unruhe und gefährdet die Geiseln. Insofern ist die Frage, wie sicher der Führer der Gruppe im Sattel sitzt, von entscheidender Bedeutung. Man kann einen ungeeigneten Führer behalten wollen, um Schlimmeres zu vermeiden. Das sehen wir ja auch Tag für Tag in der Politik.

Mittlerweile hatten wir auch einen Psychologen, einen Bekannten von Frau Sommer, an Bord. Ich finde so etwas immer vorteilhaft, auch in Anbetracht der psychischen Belastung des Sprechers. Mackenroth jedoch wankte nicht, er wurde von Gespräch zu Gespräch immer sicherer in seiner Rolle. Das merkte ich auch daran, dass unsere Vorbereitungszeiten kürzer wurden, er nicht wie gebannt auf den Anruf wartete, sich selbst kurz vor dem Termin noch einen Kaffee holte und insgesamt weniger schwitzte. Dennoch schlief seine Wachsamkeit nicht ein. Nach und nach gelang es ihm, mit klugen Schachzügen Johns Motivation zum Vorschein zu bringen, indem er bei einem scheinbar gedankenlos geäußerten Wort nachhakte oder besonderes Interesse an Johns Wohlergehen zeigte. Die Motivation ist ein entscheidender Punkt. Wenn wir wissen, was andere Menschen antreibt, können wir sie besser steuern, indem wir ihnen genau das anbieten, was sie erstrebenswert finden.

In einem der Telefonate deutete John an, dass er seine Familie vermisste. Er ließ sogar durchklingen, dass er keinen Bock mehr auf das Camp hatte. Aber es war sein Job, und er musste eben Geld verdienen für seine Familie.

»I understand«, antwortete Mackenroth, und hätte ich ihn nun nicht schon eine Weile gekannt, hätte ich ihm das abgenommen. Er setzte sogar noch einen drauf: »Yes, this is really hard for you.« Er klang, als würde er Johns Situation voll und ganz begreifen. Einem guten

Sprecher werden im Laufe der Zeit sogar Probleme anvertraut. Manchmal ist das aber auch nicht nötig. Gute Sprecher und Berater erkennen die Probleme der Gegenseite auch so.

Ja, Mackenroth war zu einem Profi geworden. Er verstand John, aber lediglich in der Rolle des Sprechers. Als Privatmensch hatte er für den Entführer kein Verständnis, wie er mir mitteilte: »In unserer moralisierenden Welt wird für jedes Verhalten eine Entschuldigung gefunden. Selbst die Drogendealer im Görlitzer Park in Berlin werden von einer bestimmten Klientel in Schutz genommen. Die«, er deutete Gänsefüßchen in der Luft an, »›armen Burschen haben keine andere Chance, als Drogen zu verkaufen‹.«

Ich nickte. »Die Umstände bestimmen das Verhalten, so kann man sich alles schönreden.«

## Risikofaktor Mensch

Auch in der vierten Woche traf ich mich täglich um 13 Uhr mit Thomas Mackenroth und besprach das aktuelle Skript. Keine meiner befürchteten Eskalationsstufen war eingetreten. Das Krisenmanagement war zum Alltag geworden. Mittlerweile standen wir in unseren Verhandlungen bei 20 Millionen. Bedenkt man, dass wir bei 400 angefangen hatten, war das ein guter Schnitt. Aber noch immer trennten uns eine Null von der maximalen Lösegeldsumme von zwei Millionen Dollar.

Doch nun wurde der Reeder ungeduldig. »Wie lange soll sich das noch hinziehen?«, fragte er mich täglich. Frau von Sternberg war ebenfalls nervös, weil sich Journalisten gemeldet hatten, die etwas gehört haben wollten: »Ist da was im Busch bei euch?«

Frau Sommer berichtete von einer schwangeren Ehefrau, die einen Zusammenbruch erlitten hatte und verlangte, sofort mit ihrem Mann zu sprechen, sonst würde sie zum Fernsehen gehen und denen erzählen, dass die Reederei nicht, aber auch gar nichts für die Freilassung ihres Mannes unternahm.

Es gab aber auch eine gute Nachricht. Endlich kristallisierte sich eine Möglichkeit heraus, das Geld ins Land zu schaffen. Jansen hatte einen Geschäftspartner aufgetan, der Handel mit Nigeria betrieb. Zwar nicht mit einer eigenen Niederlassung, aber mit einem freien Handelsvertreter. Nachdem wir ihn auf seine Zuverlässigkeit überprüft hatten, erklärte er sich bereit, das Geld entgegennehmen zu lassen. Erst auf sein Konto, dann von dort in bar an unser Übergabeteam. Dieses Vorgehen wurde mittlerweile auch organisiert. Ich empfahl eine englische Sicherheitsfirma, mit der ich schon öfter zusammengearbeitet habe. Sie würde das Lösegeld – selbstverständlich gegen eine nicht zu knappe Gebühr – empfangen und mit eigenen bewaffneten Kräften an den Ort bringen, den uns die Entführer kurzfristig nennen würden. Notfalls auch mit dem Boot das Niger-Delta hoch.

Häufig ähneln Lösegeldübergaben Schnitzeljagden. Das Übergabeteam wechselt dabei nicht selten mehrmals das Fahrzeug und auch die Gattung, von Auto zu Boot und Hubschrauber. Das alles musste bereitstehen. Was das kleinste Problem war. Hauptsache, wir brachten das Lösegeld ins Land. Damit war eine wesentliche Schwierigkeit ausgeräumt. Im Krisenstab machte sich Entspannung breit. Olsen hielt eine kleine Rede, es gab Sekt, und er bedankte sich bei seinen Mitarbeitern für die gute Arbeit und scherzte mit Blick in meine Richtung: »Ohne Ihre Hilfe könnten wir uns diesen kleinen Umtrunk gar nicht leisten.«

»Nun wollen wir die Kirche aber mal im Dorf lassen. So ganz uneigennützig handelt unser Herr Schneider ja nun auch wieder nicht«, bemühte Jansen sich zu erinnern. Der gute alte Jansen. Fast hatte ich mich an seine Sticheleien gewöhnt.

Am 7. November, am 38. Tag nach der Entführung, passierten mehrere Dinge gleichzeitig. Wie in gewissen Abständen üblich, hatten wir einen *Proof of Life* gefordert. Unser Kontakt zu John war mittlerweile so gut, dass wir tatsächlich alle neun Seeleute ans Telefon bekommen hatten. Korrektur: acht. Den Smut hatten wir trotz Nachfrage nicht gesprochen. Das machte mich manchmal ein wenig nervös, andererseits dachte ich, dass er wahrscheinlich unabkömmlich war. Schließlich kochte er nicht nur für die Seeleute, sondern für das gesamte Camp. Ich war mir sicher, dass ich einen Hinweis von den anderen Geiseln bekommen hätte, wenn dem Smut etwas zugestoßen wäre. Nach so langer Zeit, nach so einem relativ guten Kontakt hätten wir das herausgehört.

An diesem 7. November um 14:23 Uhr, John wurde immer pünktlicher, hörten wir den Smut zum ersten Mal. Was heißt hier hören, wir spürten ihn förmlich. Hollfelder war ausnahmsweise nicht anwesend, seine Frau feierte einen runden Geburtstag.

Offenbar hatte der Smut verlangt, mit uns zu sprechen, was ungewöhnlich war. Er musste diese Bitte auch sehr nachdrücklich geäußert haben, wenn ihr entsprochen wurde.

»Help me! Mayday, please. Please, Sir, I will die here in this fucking jungle … I want to go home … I want to see my wife, my kids … I am dying … I will kill myself …«, brüllte er schluchzend ins Telefon.

Mackenroths Hand mit dem Telefon zitterte. Mit weit aufgerissenen Augen starrte er mich an, dann auf sein Skript. Doch da stand kein Text, keine Regieanweisung. Wir hörten, dass John dem Smut das Telefon wegnehmen wollte, er brüllte ihn an, es kam zu einem Gerangel. Der Smut schrie mit sich überschlagender Stimme, dass er es keinen Tag länger in dem Lager aushalte. Wenn wir ihn nicht sofort rausholten, würde er sich umbringen, an Messern mangelte es ihm ja nicht. Er lachte hysterisch. Dann erfuhren wir, dass er jeden Tag Prügel bezog, weil der Scheißbande sein Essen nicht schmeckte, aber mit diesen Scheißzutaten könne er keinen anderen Scheißfraß kochen. Wir hörten mehrere klatschende Geräusche und dumpfes Stöhnen, unterdrückte Flüche, jemand röchelte.

Mackenroths Hand zitterte so stark, dass das Handy zwischen seinem Auge und dem Hinterkopf schaukelte.

*Smut Nervenzusammenbruch!!! Ruhe reinbringen!*, schrieb ich auf einen Zettel und hielt ihn hoch. Mackenroth starrte ihn an, starrte durch ihn hindurch. Dann ließ er das Telefon fallen und verließ den Raum.

Am Boden lag der weiterhin brüllende Smut mit einem hektisch fluchenden John. Es klang, als würden sie miteinander ringen. Dann tutete es.

So etwas hatte ich noch nie erlebt. Natürlich war ich Zeuge einiger Nervenzusammenbrüche geworden, das ist normal, wenn man so viele Extremsituationen durchstanden hat.

## Der Händedruck

Es war ein ganz normaler Tag in der Kaserne in Calw. Sport, Schießen, individuelle Weiterbildungen. Ich war mit Schreibkram beschäftigt, da klopfte es an meine Tür.

»Herein«, sagte ich.

Ein Kamerad, Oberfeldwebel, stand im Türrahmen. »Olli«, sagte er, »ich muss mal mit dir reden.«

»Klar, komm rein, setz dich.«

Ich merkte, dass ihn etwas bedrückte. Im Geist rief ich ab, wen ich vor mir hatte. Erfahrener Oberfeldwebel, Ex-Fallschirmjäger, körperlich nicht in der Spitzengruppe, dafür ein wirklich akribischer Arbeiter, ruhig, zuverlässig, kein Blender, kein Spruchbeutel … was konnte es sein?

»Ich hab da ein größeres Problem«, begann er, zögerte.

»Ja?«, fragte ich.

Er räusperte sich. Dann erzählte er mir etwas völlig Unerwartetes. »Meine Frau ist an Krebs erkrankt. Leider auch schon in einem

Stadium, in dem sie nicht mehr gerettet werden kann. Die Ärzte geben ihr nur noch circa sechs Wochen.«

Ich schluckte mehrmals. Wusste nicht, was ich sagen sollte. So eine Situation hatte ich noch nie erlebt. Mein Hirn war wie leer geblasen.

Abwartend saß der Kamerad vor mir. Wieso war der so verdammt gefasst? Mir wurden die Augen feucht. Da kannst du so 'ne harte Sau sein, und kaum wird es menschlich, mutierst du zum Weichei. Aber natürlich, er wusste das alles schon länger. Hatte sich damit abgefunden. Kann man sich mit so was abfinden? Noch immer hatte ich nichts gesagt, noch immer nicht die richtigen Worte gefunden. Beileid wäre ja wohl unpassend. Mit Gefühlen kann ich einfach nicht gut umgehen. Deshalb vielleicht auch die harte Schale, die den weichen Kern schützen muss.

Da ich nichts sagte, ergriff der Kamerad das Wort. »Deshalb wollte ich um Sonderurlaub bitten.«

Jetzt hatte ich wieder festen Boden unter den Füßen. Sonderurlaub, na klar! Sofort, ohne Rücksprache mit Chef oder Kommandeur. Das würde ich auf meine Kappe nehmen. Und ich konnte ihm psychologischen Support anbieten. Ja, das würde ich machen ... Für einen Sekundenbruchteil schoss es mir durch den Kopf, ob ich irgendetwas zu ihm sagen könnte, was ihm helfen würde, aber was sollte das sein angesichts des bevorstehenden Todes seiner gewiss jungen Frau, er war ja selbst erst 34. Hartes Schicksal. Sollte ich ihm sagen: »Du lernst vielleicht noch mal eine kennen, die auch gut zu dir passt«? Hatte der Kamerad Kinder? Schneider, halt die Klappe.

Ich legte alle meine Wärme in einen langen Händedruck. Vielleicht hat er es verstanden. Soldaten machen ja nicht allzu viele Worte, das ist bekannt. Und manchmal zeigt eine Geste auch: Du bist nicht allein in dieser Krise. So etwas brauchen wir alle. Und auch danach ist es wichtig, in guten Händen zu sein. Heute wissen wir das. Früher sollten die traumatisierten Soldaten zum Tagesgeschäft übergehen. Als wäre nichts geschehen.

Mein Großonkel diente im Ersten Weltkrieg ab dem ersten Tag an der Westfront im 2. Bayerischen Feldartillerieregiment aus Würzburg. Ich habe sein Kriegstagebuch gelesen. Nach zwei Jahren war er körperlich und psychisch fertig. Mit 22 Jahren ist er zu einem sogenannten Kriegszitterer geworden. Das ewige Trommelfeuer, die Unentrinnbarkeit der Situation hat ihn später zu einem aggressiven und unberechenbaren Zeitgenossen gemacht. Damals gab es noch keine Psychologen, die sich um posttraumatische Belastungsstörungen kümmern konnten.

## Die Krise in der Krise

Aber was war mit meinem Sprecher los, mit Mackenroth? Ich hatte Kameraden erlebt, die Hals über Kopf ausgestiegen waren, ich hatte mich selbst im Schock erlebt. Aber ein Sprecher, der das Telefon fallen ließ, war mir noch nie begegnet. Was nun?

Auf keinen Fall die Kontrolle verlieren. Erst mal sacken lassen. Auch Mackenroth die Gelegenheit geben, zur Ruhe zu kommen. Dann erst würde ich mit ihm sprechen. Natürlich, die Nerven liegen blank nach so langer Zeit in der Krise. Je länger es dauert, desto höher ist die Wahrscheinlichkeit, dass die Belastbarkeit des Sprechers abnimmt. Vor allem, wenn sich die Verhandlung hinzieht, wenn sich Erfolge nicht schnell einstellen. Deshalb dient die rasche Abwicklung auch dem Schutz des Sprechers.

Aber warum gerade jetzt? Gewiss, das Telefonat war extrem gewesen, doch insgesamt waren wir meistens relativ entspannt miteinander umgegangen. John war, was den Entführungssektor betraf, geradezu ein angenehmer Gesprächspartner. Ich hatte in der Vergangenheit schon mit ganz anderen Kalibern zu tun gehabt, die, des Englischen kaum mächtig, mehr fluchten als verhandelten. Besorgt packte ich meine Unterlagen zusammen. 20 Minuten wollte ich

Mackenroth in Ruhe lassen und ihn dann um ein Vieraugengespräch bitten. Nicht in der Reederei. Draußen, weg vom Krisenort. Idealerweise bei einem Spaziergang. Ihm Zeit geben. Herausfinden, ob es konkret an diesem letzten Telefonat lag oder an der langen Zeit. Vielleicht war er insgesamt doch weniger belastbar, als ich gedacht hatte? Man sieht nicht in die Menschen rein, und auch bei guter Menschenkenntnis ist man nicht vor Überraschungen gefeit. Besonders in einer Krise. Weil wir in einer Krise auch anders reagieren, als wenn wir uns sicher fühlen. Krise ist nicht nur außen. Krise ist auch innen. Und wenn überall nur noch Krise ist, dann ist, wie mein Buddy zu sagen pflegte, die Kacke am Dampfen. Wenn es nur ein kleiner Durchhänger war, würde ich Mackenroth aufbauen. Ihn daran erinnern, dass wir uns auf der Zielgeraden befanden. Es trennten uns nur noch wenige Schritte von unserem Ziel.

Ich informierte Hollfelder über die neue Lage und befasste mich dann mit einem Plan B. Was, wenn Mackenroth aussteigen würde? Der Krisenstab müsste umgehend einen neuen Sprecher bestimmen. Den Entführern würden wir mitteilen, dass unser Sprecher Peter wegen gesundheitlicher Probleme ausgefallen wäre. Vielleicht würde das ohne Weiteres akzeptiert. Vielleicht aber auch nicht, und unser mühsam aufgebautes Vertrauensverhältnis würde einstürzen. Wir müssten von vorne beginnen. Wie schnell könnte sich ein neuer Sprecher einarbeiten, und würde er von John so gut akzeptiert werden wie Mackenroth? Wir konnten im Moment nicht einmal davon ausgehen, dass John weiterhin als Sprecher tätig wäre. Vielleicht würde er nach diesem Zwischenfall ausgemustert oder gleich ganz ausgeschaltet. Womöglich hatte er dem Smut aus Gutmütigkeit das Telefon übergeben, ohne Rücksprache mit seinem Boss. So etwas konnte schlimme Folgen für ihn haben. Eben noch hatten wir uns sicher gewähnt und Sekt getrunken, und nun war wieder alles ungewiss und nebulös. Es konnte sogar geschehen, dass die Lösegeldsumme erhöht wurde, was wir natürlich auf keinen Fall akzeptieren würden. Das alles zöge zähe Verhandlungen nach sich. Die Zielgerade rückte in weite Ferne.

Im Vorzimmer des Reeders schüttelte seine Sekretärin den Kopf und sagte mir, der Chef sei jetzt nicht zu sprechen.

»Ist Herr Mackenroth bei ihm?«, fragte ich.

Sie zögerte kurz, dann nickte sie.

»Ich möchte dazu«, sagte ich.

Bedauernd hob sie Schultern und Hände kurz an: »Keine Störung.«

»Bitte, versuchen Sie es.«

Sie überlegte, dann griff sie zum Telefon, drückte eine Taste. Keiner ging ran. »Tut mir leid«, sagte sie.

Sollte ich trotzdem reingehen? Dazu müsste ich nicht mal Anlauf nehmen und die Tür sprengen, ich bräuchte bloß die Klinke runterzudrücken. Oder … es unbedingt wollen? Wie von selbst ging sie auf. Ein völlig aufgelöster Mackenroth und ein gefasster Olsen schauten mich an. »Ach, Herr Schneider«, sagte Olsen. »Ich wollte Sie gerade zu mir bitten. Können Sie mir den Mitschnitt des letzten Gesprächs vorspielen?«

»Also dann«, sagte Mackenroth und schlich an mir vorbei zum Ausgang.

Perplex schaute ich ihm nach.

»Herr Mackenroth fühlt sich nicht wohl«, sagte Olsen. Er wirkte seltsam förmlich, anders als sonst. »Er fährt jetzt nach Hause. Bitte kommen Sie in mein Büro, Herr Schneider.«

Wir nahmen Platz, und ich spielte ihm den Mitschnitt vor.

Olsen wollte das Gespräch zweimal hören. Dann wies er seine Sekretärin an, eine außerordentliche Krisenstabssitzung einzuberufen. Von Mackenroth sagte er keinen Ton. Ich musste aber wissen, was mit meinem Funker los war!

»Das ist eine persönliche Angelegenheit«, ließ Olsen mich abblitzen. Wieder mit einer seltsame Kühle in der Stimme, die mir zeigte, dass ich nicht mehr dazugehörte. Ich war nur ein externer Berater, Mackenroth kannte er seit Jahrzehnten. Die Krise mischt die Karten immer wieder neu. Je nach Emotionen werden neue Lager gebildet, Fronten verschieben sich. Das alles gefiel mir überhaupt nicht, denn alle diese Abweichungen, Veränderungen entfernten uns von unserem strategischen Ziel, und das ist der schlimmste Fehler, der einem in einer Krise unterlaufen kann: dass man sich hinreißen lässt und spontan und emotional auf eine Situation reagiert.

Wie Frau Sommer. Sie brach bei dem Gesprächsmitschnitt in Tränen aus. Frau von Sternberg zündete sich mitten in der Krisenstabssitzung eine Zigarette an, was sie selbst gar nicht merkte, und keiner der anwesenden Nichtraucher in diesem Nichtraucherraum sagte etwas dazu, nicht einmal, als sie ihre Kippe in der Kaffeetasse löschte. Stefan Krügers Wangenmuskeln arbeiteten so stark, dass sie sich wie zwei kantige Radiergummis in seinem Gesicht abzeichneten. Und mein »Freund« Jansen? Betrachtete mich nicht ohne Genugtuung.

»Wo ist eigentlich Hollfelder?« Olsen schlug mit der Hand auf den Tisch.

So hatte ich ihn noch nie erlebt.

»Wenn man die Polizei *einmal* braucht«, stieß er hervor.

Auch er war am Limit. Und er traf eine Entscheidung.

Fest schaute er mir in die Augen. »Herr Schneider, wir haben das Ende der Fahnenstange erreicht. Ich bin nicht bereit, diese Situation auch nur noch einen Tag länger zu verzögern. Ich möchte, dass wir heute noch einen Deal mit den Entführern vereinbaren. Und wenn nur der Smut freigelassen wird. Der Mann muss sofort raus aus dem Lager. Er tut sich sonst womöglich wirklich etwas an, oder die Lage eskaliert oder er wird das psychisch nie mehr verkraften.«

»Was ist mit Herrn Mackenroth?«, fragte ich, während es in mir arbeitete, wie ich diesen Deal zur Not ohne Mackenroth über die Bühne bringen könnte. Was Wahnsinn wäre. Denn das Übergabeteam war noch nicht bereit. Wir steckten mitten in den umfangreichen Vorbereitungen, ja wir hatten nicht einmal eine Telefonnummer der Entführer, sie wechselten ihre Nummern ständig.

Olsen teilte mir mit: »Herr Mackenroth wird diesen Deal noch zu Ende bringen, ansonsten steht er als Sprecher nicht mehr zur Verfügung.«

Nun unterlief mir ein Fehler. Aufgewühlt rief ich: »Das geht jetzt in die ganz falsche Richtung.« Viel zu emotional. Mühsam brachte ich meine Stimme unter Kontrolle und sagte so sachlich, wie es mir möglich war: »Wenn Sie zulassen, dass nur der Smut freikommt, werden Sie in der Folge acht Einzelverhandlungen führen. Die Bande wird für jeden einzelnen Seemann eine horrende Summe verlangen. Die Entführung kann sich über weitere Wochen hinziehen, mit allen bekannten Gefahren. Und jeder Tag länger birgt mehr Risiken. Außerdem zeigen wir damit, dass wir die Nerven verloren haben. Wir zeigen, wie erpressbar und schwach wir sind, wir werden sehr viel mehr bezahlen, als wir möchten und womöglich sogar können.«

»Geld, Geld, Geld!«, rief Frau Sommer.

Frau von Sternberg zündete sich die nächste Zigarette an. »Ich bin auch dafür«, sagte sie.

»Wofür?«, wollte Krüger wissen und nahm sich ungefragt eine Zigarette aus ihrer Packung. Sie reichte ihm ihr Feuerzeug. »Dass wir den Smut da rausholen. Und alle anderen auch. So schnell wie möglich. Egal zu welchem Preis. Von meiner Seite weiß ich nicht, wie lange ich den Deckel noch draufhalten kann. Und wenn das in die Öffentlichkeit durchsickert, ist unser Ruf ruiniert.«

»Sie ruinieren sich, wenn etwas schiefgeht«, warf ich ein.

»Kann es noch mehr schiefgehen?«, fragten Jansen scharf. Aus zusammengekniffenen Augen wie Schießscharten schaute er mich an. »Wenn es nach uns gegangen wäre, hätten wir schon längst gezahlt. Aber Sie haben ja dauernd verzögert mit all Ihren Taktiken, die nichts, aber auch gar nichts bringen.«

Fassungslos blickte ich in die Runde. Nun war es also so weit. Der Kahn sank – und man suchte einen Schuldigen, statt sich konstruktiv um eine Lösung zu bemühen. *Ein typisches Vorgehen unter Zivilisten,* hätte einer meiner Ausbilder bei der Bundeswehr so etwas genannt. Wobei Schuldige natürlich auch bei der Truppe gesucht werden. Was das KSK betrifft, hatten wir allerdings einen längeren Atem und hätten noch lange nicht aufgegeben, jetzt erst recht nicht. Und schon gar nicht wären wir in so eine Falle getappt.

Wenn man sich eine Krise wie ein Kriegsgebiet vorstellt, so befinden sich auf dem Territorium Berge, Täler, Gewässer, Wälder … und dazwischen lauert der Feind. Wir wissen nicht, wo und ob er sich offen zeigen wird. Er kann sich ja tarnen: als Zivilist, als Frau, als Bauer. Im Krieg, in der Krise muss man immer auf der Hut sein. Das bedeutet zum einen, dass man sich extrem vorsichtig bewegen muss. Man darf nicht einfach drauflosrennen. Man muss die Umgebung im Blick behalten. Hinter welchem Busch könnte ein Feind lauern? Was ist echt, was ist Tarnung? Und man darf in keine Falle tappen, was naheliegend ist, wenn man blind losstürmt.

Aber der Krisenstab war nicht nur blind, er war auch taub. Meine Argumente prallten ab. Jansen unterstellte mir sogar, dass ich die Entführung absichtlich verzögern wollte, um mehr Geld zu verdienen. »Je länger Sie bei uns sind, desto teurer wird es für uns.«

Da hob Olsen die Hand und wies ihn zurecht. »Herr Schneider hat die Lösegeldforderung von 400 Millionen auf derzeit 2,2 Millionen Dollar gedrückt. Wir sind fast am Ziel. Die *Going Rate* wird berücksichtigt, ist aber noch nicht erreicht. Die Zeit ist reif für den abschließenden Akt.«

»Geld, Geld, Geld, immer nur Geld«, murmelte Sommer.

Olsen wandte sich an mich. »Dafür sind wir Ihnen auch dankbar, Herr Schneider. Doch ich denke, dass sich unsere Wege jetzt trennen.«

Ich brauchte einen Moment, ehe ich das begriff. Unsere Wege würden sich trennen? Das war der denkbar falsche Moment. Jetzt brauchte die Reederei einen Berater dringender als je zuvor! Schlagartig fluteten mich schlechte Gefühle. Ich hatte versagt. Ich hatte meinen Auftrag nicht erfüllt. Diesen Gefühlen war es egal, dass ich ihn nicht erfüllen *durfte*. Fakt war, dass ich gescheitert war. Ich hatte das Problem nicht gelöst.

»Am besten, Sie fliegen zurück nach München«, setzte Olsen noch einen drauf. Rauswurf.

Ich stand auf und sagte: »Sie sind der Entscheider. Ich bin Berater. Ich akzeptiere Ihre Entscheidung, wenngleich ich sie für grundfalsch halte. Ich bin der Überzeugung, dass Sie dringend einen Berater an Ihrer Seite brauchen. Deshalb würde ich Ihnen empfehlen, einen anderen Berater zu bestimmen, wenn Sie mir nun, wie Sie es getan haben, das Vertrauen entziehen.«

»Wir kommen allein klar«, sagte Olsen knapp.

Das bezweifelte ich.

## Ausweichen

Auf dem Parkplatz begegnete mir Hollfelder. Strahlend kam er auf mich zu, er war ja auf der Geburtstagsfeier seiner Frau gewesen. Doch das Strahlen bröckelte ihm vom Gesicht, als ich ihm von den Vorfällen der letzten Stunde berichtete. Und da ich ihn als sachlichen und klugen Begleiter kennengelernt hatte, gewährte ich ihm auch einen Blick in mein Inneres. »Das ist der Hammer, oder? Das habe ich noch nie erlebt. Die verlieren auf der Zielgeraden die Nerven. Aber okay, das ist der Job. Ich ärgere mich trotzdem. Habe ich Fehler begangen? War ich zu strikt? War ich zu sehr Arschloch?«

Hollfelder war sichtlich geschockt. Er legte seine Hand auf meinen Unterarm. »Nein, Olli, dich trifft keine Schuld. Das sind die Emotionen, die jetzt überschwappen. Die haben so etwas eben noch nicht erlebt. Das kennen wir doch, dass die Leute dann völlig durchknallen.«

»Ja, aber gleich so!«

»Die fangen sich schon wieder. Ich spreche gleich noch mal mit Olsen. Bitte, bleib solange in Hamburg. Ich bin mir sicher, dass das noch nicht sein letztes Wort war.«

»Ich bin hier fertig«, sagte ich, ein klein wenig bockig.

Hollfelder klopfte mir auf die Schulter. »Nichts da. Ich melde mich.«

Unsere Wege trennten sich. Ich wollte nur noch weg. Das Gefühl war mir vertraut. So ähnlich hatte sich mein Abschied von der Bundeswehr angefühlt, wenngleich es viele Monate gedauert hatte, bis mein Entschluss stand. Morgens kam ich nicht mehr aus dem Bett, Körpersprache war auf lustlos programmiert. Die Bundeswehr hatte es geschafft, aus mir einen Phlegmatiker zu machen. Das letzte halbe Jahr bei der Truppe ging mir am Arsch vorbei. Einer Einladung zu den Deltas in die USA durfte ich nicht nachkommen. *Schneider nein*, schrieb der Kommandeur auf die Einladung der Amis. Dann konzentrierte ich mich eben auf mein Zivilleben. Ein neues Abenteuer. Ich habe den Schritt nie bereut. Ich habe es aber auch nie bereut, zur Bundeswehr gegangen zu sein. Alles zu seiner Zeit. Jetzt wollte ich kein Werkzeug mehr sein. Auch den Beamtenstatus inklusive Pensionsberechtigung gab ich auf. Der Vorteil derer, die Beamte werden. Leben für die Rente. Das war ich nicht.

Im Laufe vieler Jahre war es bei mir zu einem Paradigmenwechsel gekommen. Aus einem 100-Prozent-Soldaten wurde ein reflektierender Zivilist. Auch das kann passieren. Bei dem einen früher, beim anderen später, bei wieder anderen gar nicht.

Würde ich heute jemandem raten, zur Bundeswehr zu gehen? Leider gibt es die Wehrpflicht nicht mehr. Man kann nicht mehr reinschnuppern, kommt als 18- oder 19-jähriger Abiturient nicht mehr für 15 Monate mit Maurern, Lackieren oder Metzgern zusammen. Oder umgekehrt. Ein gesellschaftliches Band wurde zerrissen. Was haben wir gelacht beim Bund. Die besten Partys ever. Noch heute treffe ich mich regelmäßig mit einem Kameraden, der mit mir die Grundausbildung gemacht hat. Er ist heute Lehrer und viel näher dran an den jungen Leuten. Die Bundeswehr ist da kein Thema. Schule, Studium, Arbeiten im Ausland, Karriere. So geht das heute. Dienst am Land? Äh, nee, lass mal, keine Zeit, und es gibt Wichtigeres. Wenn der Schuss mal bloß nicht nach hinten losgeht …

Ich bin der festen Überzeugung, dass die Bundeswehr gebraucht wird. Aber eben nur dann, wenn man sie ermächtigt. Nicht nur mit Geld, sondern vor allem, wenn man ihr mehr Aufmerksamkeit und mehr Vertrauen schenkt. Wie bereits dargelegt, wird die Wirkmacht einer Armee nach Kampfkraft und Gefechtswert beurteilt. An beidem hakt es gewaltig. Zu wenig einsatzbereite Flugzeuge, Gefechtsfahrzeuge, Soldaten, Schiffe. Aber eben auch schlaffe Ausbildung. Keine Zucht und Ordnung, so antiquiert das auch klingen mag. Aber militärische Konflikte, Kriege, das sind keine Komfortzonen. Und darauf muss man vorbereitet sein. Um selbst zu überleben und sein Land zu schützen. Wenn ich ab und an Soldaten im täglichen Leben sehe, merke ich, wie der Zustand der Truppe ist. Eben wie der schlechte Schuhputz oder die schlecht sitzende Uniform des Generalinspekteurs. Ganz anders dagegen die Offiziere der Briten und der Franzosen. Gewiss kann man nicht von einigen wenigen auf alle schließen, aber das sind die *Weak Signals,* die Warnsignale der Krise. Lasse ich angebliche Kleinigkeiten, Banalitäten schleifen, mögen das zwar Äußerlichkeiten sein, aber eben nicht nur. Sie zeigen eine Haltung. Eine schwache politische Führung tut ihr Übriges dazu. Meiner Meinung nach ist eine grundlegende Reform der Bundeswehr überfällig. Themen wie Härte, Mut, Vaterlandsliebe, Verantwortungsübernahme, Durchhaltewillen, Disziplin, Ordnung und Drill müssen wieder in den Mittelpunkt gerückt werden. Sie sind die Bodenplatte, auf der ein militärisches Gebilde erfolgreich aufgebaut werden kann. Sie stehen im Mittelpunkt. Sie sind der innere Kompass einer erfolgreichen Armee. Begriffe, die keiner mehr gebraucht, die altbacken sind und in die falsche politische Ecke abgeschoben werden. Doch nur so bekommt die Politik wieder ein schlagkräftiges Werkzeug. Wenn sie es denn will.

## Rückzug

Ich ging zu Fuß zu meinem Hotel. Mir war nach Bewegung zumute. Tausende Gedanken torpedierten mich. Meine Ohnmacht, dass ich trotz besseren Wissens nichts mehr für die Reederei tun konnte. Aber auch die Auswirkungen dieser Niederlage auf mein eigenes Unternehmen. Es würde sich in der Branche herumsprechen, dass mein Unternehmen als Krisenberater abgewählt war. Ich musste mit meinen Mitarbeitern sprechen, mit meiner Presseabteilung – das waren alles keine schönen Aufgaben. Und fürchterlich war es, dass sich die Situation für die neun Seeleute, allen voran der Smut, nun dramatisch verschlechtern konnte. Schlimmstenfalls würden sie die Entführung mit ihrem Leben bezahlen. Ich konnte mir nicht vorstellen, wie die Reederei die Lösegeldübergabe und alles, was damit zu tun hatte, ohne Berater meistern wollte. Aber das würde Ihnen Hollfelder gewiss beibiegen.

»Ich reise ab«, teilte ich der Rezeptionistin im Hotel mit. Im Zimmer buchte ich mir einen Flug, telefonierte mit meiner Firma, und dann packte ich meinen Koffer. Der Fahrstuhl brauchte ewig. Ungeduldig ärgerte ich mich, nicht die Treppe genommen zu haben, da plingte die Tür auf. Olsen! Der Reeder! In meinem Hotel.

»Herr Schneider!« Er trat auf den Flur. »Was für ein Glück, dass ich Sie noch antreffe!«

Fragend schaute ich ihn an.

»Ich möchte mich entschuldigen und Sie bitten zurückzukommen.«

»Hollfelder?«, fragte ich knapp.

»Auch«, sagte Olsen. »Aber … leider habe ich mich zu einer unüberlegten Handlung hinreißen lassen. So etwas ist mir noch nie passiert. Es tut mir leid.«

»Eine Entführung ist ja auch kein Tagesgeschäft«, entgegnete ich. Eine Zentnerlast fiel mir vom Herzen. Ich konnte mich weiterhin für die Seeleute einsetzen. Ich war wieder im Boot. Ich konnte diesen

Auftrag zu Ende bringen und die Entführung so glimpflich und gut wie möglich über die Bühne bringen. Keinesfalls hätte ich Olsen jetzt Vorwürfe gemacht: Das hätte überhaupt nichts gebracht. Jetzt kam es darauf an, wieder Vertrauen aufzubauen, das wir ja nicht nur auf der Gegenseite brauchen, sondern auch im eigenen Team. Sonst arbeiteten wir gegeneinander, wie es geschehen war.

»Darf ich Sie zum Essen einladen?«, fragte Olsen.

»Gern«, sagte ich.

»Italienisch, indisch, deutsch?«

»Hauptsache, non-vegan.«

Wir lachten.

Beim Hauptgang erfuhr ich den Hintergrund zu Mackenroths Verhalten. Er war Witwer, und heute war der erste Todestag seiner Frau. »Da ist eins zum anderen gekommen«, sagte Olsen. »Ich möchte gar nicht ins Detail gehen, aber es gibt da auch noch familiäre Unstimmigkeiten mit seinem Sohn. Herr Mackenroth hat mich aber vorhin angerufen und versichert, dass er morgen wieder einsatzfähig ist. Allerdings möchte er Sie bitten, den heutigen Tag nicht zu thematisieren.«

»Selbstverständlich«, nickte ich. Jeder hat seine Bewältigungsstrategien. Der eine spricht darüber, der andere lieber nicht. Wobei drüber reden immer besser ist, aber das hatte Mackenroth ja gemacht, mit Olsen, den er schon so lange kannte. Auch eine Vertrauensgeschichte. Vertrauen ist die Basis jeder menschlichen Beziehung.

# Der Deal

*Bremen – Nigeria, 3. Dezember*

Nach sechs Wochen war es so weit. Wir einigten uns auf zwei Millionen Dollar. Jetzt hieß es den Sack zumachen. Keine Nebenabreden.

»Okay, we have a deal. Please repeat.«

»Yes, two Million US Dollar is the price.«

»Please prepare the crew, so we can pick them up. We need the exact place for the handover.«

Ein Lkw und zwei Jeeps standen mit acht Mann als bewaffnetes Transportteam zur Verfügung. Aber wo waren die Pässe der Geiseln? In irgendwelchen Kanälen verschwunden. Die nigerianischen Behörden teilten uns mit, dass die befreiten Seeleute in Haft genommen würden: »Sorry, but law and order.« Wer hatte die Pässe entführt – und was kostete es, sie freizupressen?

In Nigeria sollte unser Partner zusammen mit dem Handelsvertreter die Lösegeldsumme bei der Bank abholen. Nachzählen, registrieren, präparieren. Die Scheine in wasserdichte Säcke packen. Und dann in das Bootsversteck am Niger bringen. Dort begann die Schnitzeljagd der Lösegeldübergabe – mit dem kleinen Problem, dass wegen der verschwundenen Pässe nigerianische Behörden auf die Sache aufmerksam geworden waren und auf ihre Art und Weise versuchten, die Geiseln zu befreien. Aber das ist eine andere Geschichte.

# Das KSK-Prinzip – Ihr persönlicher Krisennavigator

- Versuche, die Situation, die Lage zu erkennen, mit allen unterschiedlichen Mitteln, die dir zur Verfügung stehen.
- Sammle Informationen aus unterschiedlichen Quellen.
- Finde deine Dogmen und wirf sie über Bord. Genauso eventuell bestehende Muster. Denn wenn wir etwas immer auf eine bestimmte Art und Weise gemacht haben, weiß das auch die Gegenseite … und wäre dann im Vorteil.
- Erstelle dein ganz persönliches Lagebild.
- Wäge deine Möglichkeiten ab.
- Liste die Vor- und Nachteile deiner Handlungsoptionen auf.
- Entscheide dich! Sei mutig! Sei klar!
- In einer Sondersituation, einer Krise, musst du zur Führungspersönlichkeit werden. Du stellst dein Team nicht nach Status, sondern nach Fähigkeiten zusammen. Mit den richtigen Personen an den richtigen Positionen bist du unschlagbar.
- Beziehe andere in den Entscheidungsfindungsprozess ein. Vor- und Nachteile der jeweiligen Optionen sind durch alle herauszuarbeiten.
- Überprüfe deine Entscheidungen stets auf Umsetzbarkeit und Wirkung. Wenn sie verpuffen, revidiere sie und suche neue Wege.
- Kommuniziere deine Entscheidungen klar.
- Lege die Reihenfolge der Umsetzung fest.
- Überprüfe in regelmäßigen Abständen, ob du dein strategisches Ziel noch im Visier hast.

Fazit: Den Umgang mit einer Krise kann man lernen. Dabei bietet es sich an, ein militärisch geprägtes Vorgehen anzuwenden. Denn am Ende soll es ja heißen: Ziel erreicht, Gelände gesichert, keine Verluste.